지식인마을31

촘스키 & 스키너

마음의 재구성

지식인마을 31 마음의 재구성
촘스키 & 스키너

저자_ 조숙환

1판 1쇄 발행_ 2009. 2. 28.
1판 6쇄 발행_ 2024. 2. 1.

발행처_ 김영사
발행인_ 박강휘, 고세규

등록번호_ 제406-2003-036호
등록일자_ 1979. 5. 17.

경기도 파주시 문발로 197(문발동) 우편번호 10881
마케팅부 031)955-3100, 편집부 031)955-3200, 팩스 031)955-3111

값은 뒤표지에 있습니다.
ISBN 978-89-349-3413-4 04400
        978-89-349-2136-3 (세트)

홈페이지_ www.gimmyoung.com   블로그_ blog.naver.com/gybook
인스타그램_ instagram.com/gimmyoung   이메일_ bestbook@gimmyoung.com

좋은 독자가 좋은 책을 만듭니다.
김영사는 독자 여러분의 의견에 항상 귀 기울이고 있습니다.

지식인마을31

촘스키&스키너

Noam Chomsky & B. F. Skinner

마음의 재구성

조숙환 지음

김영사

◉ 이 연구는 2009년도 서강대학교 교내 연구비 지원에 의한 연구임(200911006 · 01)

새해 벽두부터 강력범 검거와 모 초등학교의 기초 학력 미달자 조작 소식으로 장안이 소란하다. 전 세계적인 경기 침체에 아랑곳없이, 특히 공부 많이 시킨다는 학교와 학원이 몰려 있기로 유명한 주변 동네의 부동산 가격은 요지부동이다. 대다수 학부모들은 소문난 학원가와 매 열두 개만 있으면 일류 대학교에 입학시킬 수 있다고 장담한다. 유교의 예절 교육을 위해 서당 근처로 이사했다는 맹모삼천지교(孟母三遷之敎)의 일화도 있으니, '환경'의 영향에 대한 관심은 어제오늘만의 일은 아닌 듯하다. 한편, 이른바 '영재'들을 선발해 상대적으로 훌륭한 교육 환경을 공급한다는 영재학교들도 증가 추세다. 영재 교육에서는 많은 경우 풍부한 환경뿐만 아니라 선천적인 탁월성이 전제된다. 즉, 환경과 본성적 능력의 관계가 관건인데, 약 50여 년 전에 다시 부상한 본성주의의 맥락에서 보면, 환경과 본성의 상호 관계는 선발된 영재들에게만 국한된 과제가 아닐 것이다.

2007년 4월에는 하버드 대학의 과학관에서 인지 혁명 50주년을 기념하고 회고하는 모임이 열렸다. 반세기 전인 1957년에는 스키너의 저서『언어행동론』이 출간되었고, 그 2년 후에는 촘스키의 반론이 학술지에 게재되면서, 인간이 행동주의가 아닌 본성주의의 시각으로, 즉 완전히 다른 관점에서 조명되기 시작되었다. 50주년 기념 모임에는 핑커와 하우저의 진행으로 밀러, 브루너, 촘스키, 캐리가 한자리에 모여 오로지 행동주의로만 장식되었던 1950년대를 회고하고 있었다. 이 모임에서 밀러와 촘스키는 당대의 인지 혁명을 인간에 대한 시각의 혁명으로 풀이했다. 인간은 더 이상 '자극에 의해 조건화되어야 행동하는' 스키너의 그림이 아니었다. 인지 혁명 당시 학생이었던 캐리는 이미 1962년에 행동주의 시대는 사실상 막을 내리고 있었다고 회고했다. 인간의 본성에 대한 스키너의 그림이 밀러와 촘스키의 표상인 '정보 처리의 능동적 주체'의 모습으로 대체되는 시점이었던 것이다.

2009년은 찰스 다윈이 탄생한 지 200주년이 되는 해다. 다윈의 탄생일인 2월 12일, 그의 모국인 영국을 위시해 전 세계에서 600여 개 이상의 기념행사가 열렸으며, 영국의 문화부 장관 앤디 번햄은 의회에 보낸 성명서에서 다윈을 "영국 역사상 가장 영향력 있는 인물 중 한 명"으로 칭송했다. 한편, 2008년 10월, 영국의 여론조사 기관 콤레스가 남녀 2,060명에게 설문한 바에 의하면, 대부분의 응답자들이 진화론에 대해 회의감을 표명했다. 응답자들의 43%는 신이 1만 년 전에 천지를 창조했다는 이른바 창조론을 믿는다고 답변했으며, 51%는 생명체 탄생이 진화론만으로 완전히 설명될 수는 없다고 응답한 것이다. 다윈의 진화론은 앞으로도 오랫동안 수많은 지지와 반론의 틈에서 화두가 될 것 같다. 무엇보다도, 인간은 다른 영장류와 달리, 늘 자신의 고향을 찾기 위해 질문하고 사고하기 때문이다. 우리는 어디에서 왔을까? 생명체는 유전적으로 주어진 프로그램대로 성장하는 것일까? 살아가는 동안 겪는 경험으로 자극받고 촉진되어 결정되는 것일까?

이 책이 완성되기까지 어느덧 2년여의 세월이 흘렀다. 오래 집필하다 보니, 10대 초반의 딸아이는 이젠 서점 멀리서 표지 색깔만 봐도 "엄마, 촘스키다!"라고 외치고 "엄마, 누구 생각이 더 맞는 거야? 스키너 아저씨, 아니며 촘스키?"라는 질문도 한다. 수십 번 수정하고 보완하는 과정에서 수없이 어려움에 봉착했다. 이론들을 조금이라도 평범한 표현으로 논의하고 싶은 욕심이 컸으나, 나에게는 결코 쉬운 작업이 아니었다. 독자들이 이 책에 조금이라도 편하게 다가갈 수 있으면 좋겠지만, 벌써부터 걱정이다.

이제 원고를 마무리하는 시점이라 생각하니 여러 선생님들의 모습이 생각난다. 언제나 정신적 지주로 넉넉한 마음을 배려하시는 이정모 교수님, 이 책을 시작할 수 있도록 결정적인 역할을 하신 장대익 교수님께 고개 숙여 감사의 마음을 드린다. 그리고 나의 삶을 활기와 건강으로 살지게 하는 어머님을 비롯한 우리 가족 모두에게 감사한다.

2009년 2월 14일
북한산 기슭에서
조 숙 환

〈지식인마을〉시리즈는…

〈지식인마을〉은 인문·사회·과학 분야에서 뛰어난 업적을 남긴 동서양 대표 지식인 100인의 사상을 독창적으로 엮은 통합적 지식교양서이다. 100명의 지식인이 한 마을에 살고 있다는 가정하에 동서고금을 가로지르는 지식인들의 대립·계승·영향 관계를 일목요연하게 볼 수 있도록 구성했으며, 분야별·시대별로 4개의 거리를 구성하여 해당 분야에 대한 지식의 지평을 넓히는 데 도움이 되도록 했다.

〈지식인마을〉의 거리

플라톤가　플라톤, 공자, 뒤르켐, 프로이트같이 모든 지식의 뿌리가 되는 대사상가들의 거리이다.

다윈가　고대 자연철학자들과 근대 생물학자들의 거리로, 모든 과학 사상이 시작된 곳이다.

촘스키가　촘스키, 벤야민, 하이데거, 푸코 등 현대사회를 살아가는 인간에 대한 새로운 시각을 제시한 지식인의 거리이다.

아인슈타인가　아인슈타인, 에디슨, 쿤, 포퍼 등 21세기를 과학의 세대로 만든 이들의 거리이다.

이 책의 구성은

〈지식인마을〉 시리즈의 각 권은 인류 지성사를 이끌었던 위대한 질문을 중심으로 서로 대립하거나 영향을 미친 두 명의 지식인이 주인공으로 등장한다. 그리고 다음과 같은 구성 아래 그들의 치열한 논쟁을 폭넓고 깊이 있게 다룸으로써 더 많은 지식의 네트워크를 보여주고 있다.

초대 각 권마다 등장하는 두 명의 주인공이 보내는 초대장. 두 지식인의 사상적 배경과 책의 핵심 논제가 제시된다.

만남 독자들을 더욱 깊은 지식의 세계로 이끌고 갈 만남의 장. 두 주인공의 사상과 업적이 어떻게 이루어졌으며, 그들이 진정 하고 싶었던 말은 무엇이었는지 알아본다.

대화 시공을 초월한 지식인들의 가상대화. 사마천과 노자, 장자가 직접 인터뷰를 하고 부르디외와 함께 시위 현장에 나가기도 하면서, 치열한 고민의 과정을 직접 들어본다.

이슈 과거 지식인의 문제의식은 곧 현재의 이슈. 과거의 지식이 현재의 문제를 해결하는 데 어떻게 적용될 수 있는지 살펴본다.

이 시리즈에서 저자들이 펼쳐놓은 지식의 지형도는 대략적일 뿐이다. 〈지식인마을〉에서 위대한 지식인들을 만나, 그들과 대화하고, 오늘의 이슈에 대해 토론하며 새로운 지식의 지형도를 그려나가기를 바란다.

지식인마을 책임기획 장대익
서울대학교 자유전공학부 교수

Contents 이 책의 내용

Chapter 3 대화

언어 지식은 마트료시카? · 150

Chapter 4 이슈

Chapter 1

Noam Chomsky

✉ 초대

INVITATION

B. F. Skinner

경험인가, 선험인가?

"이건 상자야. 네가 원하는 양은 이 속에 있어."

생텍쥐페리^{Antoine de Saint-Exupéry, 1900~1944}의 소설 《어린
왕자^{Le Petit Prince}》(1943)에서 주인공 조종사가 어린
왕자에게 하는 말이다. 사하라 사막 한가운데 불시착한 비행기
조종사 앞에 느닷없이 나타난 어린 왕자는 양을 한 마리 그려달
라고 부탁한다. 몇 번이나 양을 그려주었지만 마음에 들지 않는
다는 어린 왕자에게 조종사는 상자 하나를 아무렇게나 쓱쓱 그
려 내민다. 조종사가 그린 그림은 어디로 보나 앞면에 구멍이 세
개 뚫린 상자에 불과하다. 그런데 어떤 양을 그려줘도 만족하지
못하던 어린 왕자는 "그래! 이거야! 내가 갖고 싶어 하던 거야!"
하면서 눈을 바짝 대고 구멍 안을 들여다보면서 말한다. "어! 그
새 잠들었네……."

어린 왕자는 도대체 상자의 어떤 면에서 자기가 바라던 양의

모습을 보았던 것일까? 하지만 생각해보면 상자에서 양을 발견하는 이 신비한 능력은 비단 어린 왕자의 것만이 아니다. 호랑이를 그리라는 선생님 말씀에 도화지에 높은 울타리만 달랑 그려놓고 "쉿, 조용! 여기 울타리 뒤에 숨어 있거든요"라는 아이, 밸런타인데이에 남자 친구에게 초콜릿을 슬며시 건네주고 그냥 집으로 뛰어왔다던 조카, 어느 날 길에서 우연히 맡게 된 커피 향기 속에서 떠오르는 대학로의 가을 풍경…… 이처럼 '울타리'로 '호랑이'를 의미하고, '초콜릿'으로 '사랑'의 메시지를 전하고, '커피 향기'로 '가을의 대학로'를 느낄 수 있는 마음의 세계는 소설에서뿐 아니라 실생활 속에서도 얼마든지 찾아볼 수 있다.

'언어 형태'와 그 형태로써 특정한 '개념'을 가리키거나 연관 짓는 마음의 작용은 일상생활 속에서 끊임없이 일어난다. 예를 들어, 우리는 흔히 '장미'라는 단어를 통해 '사랑'이라는 개념을 떠올린다. 그리고 이것은 어느 개인에게만 일어나는 현상이 아니라 대다수의 사람이 공감하는 연상 작용이다. 그렇다면 우리는 이렇게 언어 형태와 그 형태에 관련된 개념을 어떻게 형성하는 것일까?

이 질문에 가장 먼저 떠올릴 수 있는 해답은 우리가 공통된 문화나 경험을 공유하고 있다는 것이다. 같은 문화를 경험하며 살아온 사람들이 같은 사물에 대해 유사한 감정을 느끼고 공통된 개념을 떠올린다는 것은 자연스러운 일일지도 모른다. 그러나 우리가 어떤 사물이나 사건에 대해 완벽히 동일한 상황에서 완벽히 동일한 경험을 나누는 일은 불가능하다. 그럼에도 우리는 심각한 갈등이나 오해 없이 대부분 각자의 뜻을 표현하고 서로 이해하며 지낼 수 있다. 그렇다면 우리가 알고 있는 것들은 환경을 통한 경험으로 형성되는 것이 아니라, 어쩌면 선험적인 능력에 의한 것이 아닐까?

수학 천재
대니얼 태밋

2004년 3월 13일, 26세의 대니얼 태밋^{Daniel Tammet,}
^{1979~}은 세상을 깜짝 놀라게 했다. 장장 5시간 9분
동안 원주율인 파이(π)의 소수점 아래 2만 2,514
번째 자리까지 모든 숫자를 단 한 번의 실수도 없이 완벽하게 암
송해낸 것이다. 이날 사람들을 더욱 놀라게 한 것은 '수학 천재'
태밋이 자폐 장애를 안고 있다는 사실이었다. 어린 시절 자폐 진
단을 받은 태밋은 또래 아이들에 비해 사회성 발달이 늦었고 다
른 사람들과의 의사소통에 많은 어려움을 겪었다. 그런데 그런
태밋이 어릴 때부터 숫자와 관련된 과목이나 과제에서는 누구보
다도 탁월한 재능을 보였던 것이다.

아직도 사람들과 의사소통하는 데 장애를 느낀다는 그는 2006
년 자전적인 에세이 《브레인맨, 천국을 만나다^{Born on a Blue Day}》를
출간하기도 했다. 이 책에서 그는 이 세상이 자신에게는 모두 숫
자로 재현되며 이 숫자들은 감정과 색상을 갖고 있는 다양한 형
체로 보인다고 말했다. 태밋이 CBS 방송의 토크쇼 프로그램인
〈데이비드 레터먼 쇼〉에 출연했을 때, 진행자가 자신은 어떤 숫
자로 보이냐고 묻자 태밋은 주저 없이 '117'이라고 대답했다. 태
밋에게 117은 레터먼의 모습처럼 호리호리하고 훤칠한 형체로
연상된다는 것이다. 이후 태밋은 파이의 소수점 아래 20번째까
지의 숫자들을 풍경화로 묘사하기도 했다.

태밋의 범상치 않은 특징들을 생각하면 많은 의문들이 떠오른
다. 태밋은 이미 어린 시절에 수학 천재였지만, 막상 수학 시간
에는 선생님이 '7×9'라는 문제를 내면 '63'이라는 답을 요구하

파이(π)의 소수점 아래 20번째까
지의 숫자를 그린 태밋의 풍경화

는 것인지, 아니면 다른 의도에서 묻는 것인지 몰라 무척 난감했
다고 한다. 아직도 태밋은 누군가가 "난 오늘 기분이 좀 나빠"라
고 하면 그 말에 어떤 반응을 보여야 하는지 몰라서 아무 말을
못 한다고 한다. 그런데 그렇게 간단한 말의 화용^{話用}적 기능을 파
악하는 데도 어려움을 호소하는 태밋이 어떻게 자서전을 쓸 수
있었을까? 다른 사람의 의도를 읽는 능력이 부족한 태밋의 세상
에서 숫자와의 감성적 소통은 어떻게 가능한 것일까?

경험
vs.
선험

인간이 청각, 시각, 후각 등 오관을 통해 '경험'할
때, 외부로부터 받아들인 정보들은 내부적으로 어
떤 과정을 거치며 처리될까? 이러한 정보들은 궁
극적으로 어떻게 연결되어 기억, 인식, 학습 등의 인지 능력으로
융합되는 것일까? 인공지능(AI)의 창시자로 1960년대 이래 인
지과학을 발전시키는 데 큰 공헌을 한 마빈 민스키$^{Marvin\ Minsky,\ 1927\sim}$

에 의하면, 인간의 정보 처리는 통합적으로 이뤄진다고 한다. 예를 들어, 일상생활에서 우리의 시각과 후각, 또는 미각 등 여러 감각 기관이 함께 활동할 뿐만 아니라, 과거의 경험이나 미래 예측을 포함한 상상, 추론 등 여러 추상적인 사고 과정이 '통합적으로' 관여한다는 것이다. 길을 가다가 우연히 장미

인공지능의 창시자 마빈 민스키

를 봤을 때 우리의 마음에는 장미의 향기, 사랑하는 사람, 생일 파티 등이 떠오를 수 있는데, 이러한 과정을 겪는 동안 우리의 마음에는 시각(꽃)뿐만 아니라 후각(향기), 추상적으로 연상된 이미지(얼굴, 사건)를 통한 생각들이 통합되면서 '장미'를 인식하게 되는 것이다. 또한 생일 파티가 연상되는 순간, 생일 파티에서 받은 장미, 장미를 준 사람의 얼굴, 장미를 받을 때 느낀 꽃 향기 등 시각, 후각 등 여러 감각 기관을 통한 느낌뿐만 아니라 장미를 받으며 느낀 감정, 파티에 초대된 사람들과의 인간관계, 파티의 전체 분위기, '장미'가 가진 언어 구조적 특징, 즉 형용사나 동사가 아닌 명사라는 점 등 다양한 정보가 체계적으로 융합될 때 장미의 개념이 보다 구체적으로 인식될 것이다.

그런데 우리는 어떻게 장미를 백합, 튤립 등의 다른 꽃들과 차별화해 오직 '장미'로만 옳게 인식할 수 있는 것일까? 현재 알려진 장미의 품종만 보아도 무려 1만 5,000종류가 넘는다는데, 장미를 '장미'라는 개념으로 옳게 인식하기 위해 우리는 이 세상에

있는 1만 5,000가지 장미 종류를 모두 미리 '경험'해야 할까? 아니면 우리에게는 단 몇 종류 장미에서 경험한 최소의 '자극'을 토대로 장미와 다른 꽃을 식별할 수 있는 '선험적 능력'이 있는 것일까? 장미에 얽힌 시각, 후각 등의 정보는 우리 마음에서 어떻게 상호 작용해 적절히 통합되면서 '화음'을 울리고 궁극적으로 '앎'의 경지에 도달하게 하는 것일까? 이것은 지난 반세기 동안 인지과학이 해답을 찾고자 했던 질문이다.

행동주의 vs. 본성주의

인지과학이란 인간이 어떻게 사물, 글자, 얼굴 등 다양한 개념을 인식하고 각 개념에 얽힌 정보를 처리하는가에 대한 답을 연구하는 학문이다. 이 문제에 관해서는 수백 년간 많은 학자들이 관심을 보여왔지만, 인지과학의 개념이 또렷해지고 본격적으로 발전할 수 있게 된 것은 20세기에 들어와서였다. 17세기의 과학 혁명 이후로도, 생리학, 의학, 신경학, 진화론의 발전을 위시하여 각종 실험 도구와 연구 방법의 발달, DNA의 규명 등 인지과학의 본격적인 발달의 토대가 되는 선행 영역의 과학들이 확고히 자리를 잡아야 했기 때문이다. 인지과학은 인간의 인식과 학습, 정보 처리 메커니즘을 연구하는 학문 특성상 여러 학문 분야에 걸치는 학제적인 학문이 될 수밖에 없었다. 그래서 인지과학은 심리학, 언어학, 신경학 등 다양한 분야를 두루 가로지른다.

20세기 중반이 되면서 인간의 개념 인식과 정보 처리 문제에 많은 인지과학자들의 관심이 집중되기 시작했다. 그중에서도 인간의 마음을 특징짓는 가장 두드러진 현상으로서 '언어'가 대두되면서, 인간의 언어 행위와 습득에 관한 연구가 괄목할 만한 발전을 이루게 되었다.

1930~1940년대를 지배한 이론은 행동주의behaviorism의 조건 형성conditioning 이론이었다. 애초에 조건 반사, 무조건 반사는 생리학자들이 주로 참여하는 연구였으나, 이 시기에 들어서면서부터는 인간의 행동 전반에 적용되기에 이르러 심리학자들의 집중적인 관심을 받게 되었다. 생리학적으로 어떤 자극에 대해 의식적 작용 없이 신경계의 작용에 따른 본능적인 움직임을 뜻하는 개념인 '반사'는 인간과 동물의 행동에 적용되면서 '반응'으로 확대되었다. 그중 외부 자극에 대해 선천적으로 반응하는 것을 '무조건 반응unconditioned response'으로, 환경에 적응하기 위해 후천적인 경험과 학습에 의해서 익히는 반응 방식은 '조건 반응conditioned response'으로 규정되었다. 인간의 모든 행동을 학습된 것으로 파악하는 행동주의 심리학자들은 인간의 언어 또한 선천적인 것이 아닌 오직 환경에 주어진 경험적 자료에 의한 조건 반사적 행동conditioning behavior으로 간주했다. 당대 대표적인 구조주의 언어학자 레너드 블룸필드Leonard Bloomfield, 1887~1949는 요한 헤르바르트Johann F. Herbart, 1776~1841의 경험주의 전통을 수용하고 행동주의 심리학에 동조해 언어가 단어와 생각의 연합 발생 빈도나 강도 등 '경험적 요인'과 밀접한 관련이 있다고 주장했다. 블룸필드는 발달 과정을 반복repetition, 모방imitation, 연상association, 일반화generalization, 강화reinforcement 등 여러 구체적인 단계로 나누어 경험주의적 시각에서

발달 이론을 제안했다.

그런데 1950~1960년대에 이르면, 이런 행동주의가 본성주의
nativism에 정면으로 도전을 받게 된다. 주변의 환경과 경험이 자극
이 되어 인간의 지식 습득을 촉진한다고 주장한 행동주의자들에
반대해, 경험보다는 인간이 선천적으로 타고난, 다시 말해 선험
적인 언어 지식의 역할을 강조하는 본성주의자들이 등장한 것이
다. 20세기 중반의 이러한 행동주의와 본성주의 대립의 주인공
은 버러스 스키너Burrhus F. Skinner, 1904~1990와 노엄 촘스키A. Noam
Chomsky, 1928~였다.

행동주의의 주창자로 평가받는 스키너는 블룸필드의 경험주
의 시각이 반영된 자극-반응stimulus-response 이론을 주장했다. 인간
의 언어 행위 역시 가족이나 이웃과의 의사소통 등 주변 환경에
서 끊임없이 일어나는 자극-반응의 결과로 발달된다는 것으로,
우리의 언어 지식이 축적되고 오류도 수정되는 데는 환경과 경
험의 역할이 중요하다는 주장이었다.

반면 촘스키는 블룸필드와 스키너의 경험론에서 중요시하는
학습 효과나 오류 정정 효과는 인정하지 않았다. 그는 언어 저변
의 심성적mentalistic 규칙, 마음의 내재적 구성과 창조적 측면을 강
조하는 선험론을 펼쳤다. 촘스키는 질적으로 심각하게 빈약한
자극 속에서 성장하는 인간이 이토록 복잡하고 추상적인 언어
구조를 완벽하게 습득하는 것은 경험론으로는 설명될 수 없다고
보았다.

촘스키는 니콜라 보제Nicolas Beauzée, 1717~1789, 르네 데카르트René
Descartes, 1596~1650, 아우구스트 슐레겔August Wilhelm von Schlegel, 1767~1845,

빌헬름 폰 훔볼트^{Wilhelm von Humboldt, 1767~1835} 등 과거 합리주의의 영향 아래에서 스키너의 경험론을 날카롭게 비판했고 당대 학계에 새로운 시각을 제공했다. 촘스키의 반행동주의적 선험론은 특히 인지 혁명^{cognitive revolution}의 시대라고 일컫는 1960~1970년대 전후 심리학 이론의 발달에 큰 영향을 주었다. 그 당시 심리학 진영에서는 행동주의에서 인지주의로 전향하는 움직임이 지대한 영향을 끼치면서, 언어의 창조적인 생산성과 심성 규칙을 중요시했던 훔볼트와 분트^{Wilhelm Wundt, 1832~1920} 시대의 언어심리학이 부활하는 시기를 맞이하게 되었다.

실제로 촘스키는 언어학을 심리학의 한 부분으로 간주해야 한다고 주장했다. 언어학에서는 언어 체계의 본질에 대한 연구를 하고, 심리학에서는 언어의 습득이나 사용에 대한 연구를 하면서 상호 간에 활발한 교류가 이루어진다면 언어의 구조, 습득, 처리 양상에 대해 일관성 있고 융합적인 설명이 가능하다는 것이 촘스키의 생각이었다. 이미 촘스키는 인간의 언어 지식과 언어 습득 및 정보 처리의 문제가 궁극적으로는 언어학과 심리학뿐만 아니라 공학, 철학, 심리학, 수학, 생명과학, 컴퓨터공학을 총망라한 인지과학의 연구로 발전되어야 할 것이라고 예견했던 것이다. 이러한 촘스키의 예견은 오늘날 닐 스틸링스^{Neil Stillings}와 스티븐 핑커^{Steven A. Pinker, 1954~}에 의해 재확인되고 있다. 스틸링스는 인지과학자들의 소임을 "정보 처리 과정에 대해 가장 일반적이고 설명적인 기초 원리를 발견하는 것"이라고 했으며, 핑커는 인간을 '정보처리자^{informational processor}'로 정의하면서 인지과학은 이미 1960년대의 인지 혁명과 더불어 시작된 분야로서, 인간의

인간을 '정보처리자'로 정의한 스티븐 핑커

지적 능력을 설명하기 위해 심리학, 컴퓨터공학, 언어학, 철학, 신경생물학 등의 여러 학문 영역이 융합해야 한다고 말했다.

1980년대 초부터 언어학, 심리학을 위시해 심리철학, 컴퓨터공학, 신경과학 등 인접 학문들이 학제적으로 융합된 인지과학의 관점에서 본격적으로 탐구되기 시작했다. 예를 들면, 언어 구조와 의사소통 능력에 대한 언어학자들의 이론, 두뇌 기능에 대한 신경과학자들의 연구, 타인의 마음 읽기에 관련된 심리철학자와 인지심리학자들의 마음 이론theory of mind 등 여러 학문들 간의 복합적인 교류에 의한 인지과학적 연구 방법이 형성된 것이다. 21세기인 현재 '융합 기술'이 각광받고 학문 영역 간의 통섭統攝, consilience(지식의 대통합)이 강조되는 것도 이런 흐름의 결과다.

이 책에서는 1960년대 스키너와 촘스키의 논쟁에서 시작된 인지 혁명의 과정을 훑어가며 최근 쟁점이 되고 있는 인지과학의 주요 논제를 하나씩 살펴볼 것이다.

'만남'의 1장에서는 스키너와 촘스키가 학문의 길로 들어서기까지의 과정을 간략하게 살펴보려고 한다. 2장에서는 실증 자료를 토대로 20세기 초기 행동주의의 이론들이 스키너의 행동주의와 어떻게 관련되는지와, 스키너의 조작적 조건화 이론과 촘스키의 본성주의가 어떻게 차별화되는지 논의한다. 3~6장은 본성과 경험의 역할에 대한 핵심적인 연구들 중에서, 언어 유전자

language gene, 그리고 언어의 진화 등에 대한 최근의 연구 동향을 소개하고자 한다. 7장에서는 스키너, 촘스키의 이론과 최근의 논쟁 및 이론의 동향이 미래 과학의 향방에 대해 무엇을 시사하는지 살펴보고자 한다.

Chapter 2

Noam Chomsky

만남

MEETING

B. F. Skinner

러셀에게 감명받은 두 학자

　20세기 초, 미국 동북부 펜실베이니아 주에서는 미래의 사상 사에 길이 남게 될 두 거장이 탄생했다. 1904년 3월 20일 서스 쿼해나Susquehanna에서 스키너가, 1928년 12월 8일 필라델피아에 서 촘스키가 태어났다. 스키너는 왓슨의 영향을 받아 1930~ 1940년대 행동주의를 이끈 인물이며, 우리나라에서는 정치 사 상가로 더 널리 알려진 촘스키는 스키너의 행동주의에 반기를 들며 인지과학의 새로운 흐름을 개척한 언어학자이자 인지과학 자다.

　20세기 초나 지금이나 인구가 5,000명이 되지 않는 작은 마을 서스쿼해나와 100만이 넘는 인구가 사는 대도시 필라델피아. 현 격하게 달랐던 어린 시절의 환경 차이만큼 두 학자는 서로 다른 학문의 길을 선택하게 된다.

문학도를 꿈꿨던 스키너

스키너는 도덕적으로 상당히 엄격한 어머니와 온화한 성품의 법조인 아버지의 영향을 받으며 성장했다. 어머니는 엄격한 성품으로 인해 스키너와 가끔 갈등을 일으키기도 했지만, 음악적 재능이 무척 뛰어나 스키너의 음악적 감수성을 향상시키는 데 도움을 주었을 것이라는 추측도 있다. 특히 스키너가 바그너Richard Wagner, 1813~1883에게 심취하곤 했던 것도 모두 어머니의 영향이었다.

한편, 손재주도 탁월해 만들지 못하는 물건이 거의 없을 정도였다. 롤러스케이트로 만든 스쿠터, 썰매, 시소, 회전목마, 그네, 활과 화살을 직접 만들며 놀았을 뿐만 아니라 수차례 실패를 거듭하면서도 직접 하늘을 날기 위한 글라이더와 영구 운동 기구를 발명하기 위한 시도를 멈추지 않았다.

호기심도 많고 동물에 대한 관심도 각별했던 스키너는 온종일 동네방네 뛰어다니며 마을의 동물들과 어울려 살았다. 활짝 핀 접시꽃에 날아다니는 벌을 잡거나, 낙농장에서 젖소의 젖을 짜는 모습이나 동물들이 교미하는 광경을 지켜보기, 또는 비둘기에게 술에 절인 옥수수를 먹이거나, 일요일 만찬을 위해 닭 잡는 광경을 구경하는 식이었다. 그러나 천방지축으로만 보이던 스키너의 마음속에는 문학도로서의 꿈이 자라고 있었다.

어릴 때부터 그 당시 인기 절정에 있었던 〈리틀 북스Little Books〉 시리즈 수십 권을 탐독했을 뿐만 아니라 아버지의 서재에서 〈세계 문학 전집The World's Great Literature〉이라든지 〈세계사 명작Masterpieces of World History〉, 〈유머 걸작Gems of Humor〉, 응용심리학 관련 서적 등 다

행동주의를 주창한 스키너

양한 책들을 꺼내 읽기도 했다. 자신이 가지고 있던 책들 중에는 우표 크기에 불과한 작은 사전도 있었는데, 그는 이러한 작은 소장 서적들을 통해 "지식에 비밀은 없지만 쉽게 숨길 수 있음"을 알았으며, 부모의 가르침과 확연히 다른 지적 세계가 있음을 깨달았다고 회고한 바 있다. 고등학교에 들어가서는 프랜시스 베이컨$^{Francis Bacon, 1561~1626}$의 책들을 탐독했다. 베이컨의 《신기관$^{Novum Organum}$》(1620)에 나오는 구절인 "자연을 지배하기 위해서는 먼저 자연에 순종해야 한다"를 가장 좋아했다고 한다.

고등학교를 졸업하고 해밀턴 칼리지$^{Hamilton College}$에 입학한 스키너는 영문학을 전공하며 소설을 쓰기 시작했다. 시인 프로스트$^{Robert Lee Frost, 1874~1963}$에게 자신이 창작한 줄거리를 보냈다가 답장에서 칭찬을 받기도 했다. 하지만 1926~1928년 즈음 스키너는 왓슨을 비롯한 여러 행동주의 학자들의 책을 읽기 시작하면서 작가의 꿈을 접고 심리학으로 방향을 전환한다. 심리학을 공부하며 그는 인간의 학습, 특히 언어의 연구에 착수하여 동물과 인간을 망라한 연구를 수행하며 자신의 연구 결과를 바탕으로 인간의 행동을 조작하고 제어할 수 있다는 신념을 갖게 되었다. 그리고 소설을 통해 자신이 추구하는 이상국가를 묘사하는데, 그 작품이 바로 《월든 투$^{Walden Two}$》(1948)이다. 스키너의 행동주의적

인간관이 그대로 드러나는 이 소설에 대해서는 잠시 후에 다시 살펴보기로 하자.

촘스키의 지적 유년기

촘스키는 우크라이나 출신 유대인 아버지와 벨라루스 출신의 유대인 어머니 사이에서 장남으로 태어났다. 아버지 윌리엄 촘스키William Chomsky, 1896~1977 는 히브리어 문법학자로 명망이 높았다.

촘스키는 만 2세도 되기 전부터 존 듀이John Dewey, 1859~1952의 교육 철학에 따라 설립된 템플 대학Temple University 유아원에서 교육을 받기 시작했고, 어릴 때부터 부모가 쓴 책들을 읽으면서 유대 전통과 학문, 히브리어 등 매우 지적인 과제에 흥미를 느끼기 시작했다. 자유롭고 독립적인 사고를 강조하며, 자식들을 세상을 위해 공헌할 수 있는 인격체로 키우고자 했던 부모님의 의지와 늘 토론을 하며 지내는 집안의 분위기는 촘스키의 사상적 토대를 형성하는 데 큰 영향을 미쳤다.

필라델피아라는 대도시에서 어린 시절을 보냈던 것도 촘스키에게 사회를 보는 시각을 깨우치게 했다. 어린 촘스키의 친척이나 이웃 들은 사회·정치적인 문제에 관심이 많았다. 이들은 루스벨트 민주당원이거나, 노동조합 위원, 볼셰비키 좌파 지지자, 반대파, 무정부주의자, 유대민족주의자 등 다양한 사람들이었다.

대공황 시절의 어느 날, 촘스키는 거리에서 폭동을 진압하던 군경들이 옷과 과일을 파는 상인들에게 폭력을 휘두르는 모습을

본 적이 있는데, 훗날 촘스키는 그날의 광경이 자신의 마음에 사회·정치적 의식을 서서히 일깨운 것 같다고 회고한 적이 있다. 그의 정치적 관심이 얼마나 일찍 시작되었는지는 채 열 살이 되기도 전에 이미 학교 신문에 스페인 내전˙에 관한 글을 기고한 사실로도 쉽게 짐작할 수 있다. 촘스키는 바르셀로나 함락을 직시하면서 민중들의 민주적 의사 표현은 어떠한 무력 앞에서도 자생할 수 있으며, 동시에 어떠한 민주적인 의지도 무력에 의해 무참히 짓밟힐 수 있다는 것을 체험으로 터득했다고 한다. 오늘날 촘스키가 세계를 대표하는 진보 지성으로 일컬어지는 것은 이런 유년기에서부터 그 싹이 튼 것으로 볼 수 있다.

촘스키는 이미 어린 시절에 디킨스Charles Dickens, 1812~1870, 도스토옙스키Fyodor Dostoevskii, 1821~1881, 톨스토이Lev Tolstoi, 1828~1910 등 여러 고전을 독파했으며, 부모의 그리스어 수업에 규칙적으로 참여하면서 그리스 문학 작품을 읽었다. 이 밖에도, 10대에 이미 조지 오웰George Orwell, 1903~1950의 《동물농장Animal Farm》(1945)뿐 아니라 유대인 출신 무정부주의자 루돌프 로커Rudolf Rocker, 1873~1958의 《스페인의 비극The Tragedy of Spain》(1937)을 독파했다.

스키너와 촘스키, 그리고 러셀

스키너와 촘스키의 어린 시절은 다른 점이 많이 있었지만, 인간의 창의성과 자유를 존중하고 실천하는 부모 아래서 자랐다는 점, 그리고 어릴 때부터 독서광이었다는 점은 많이 비슷하다.

어린 시절 마을의 동물들에 대한 호기심으로 가득했던 스키너, 일찍이 사회·정치적인 문제로 고민했던 촘스키의 동심은 성년기로 접어들면서 각각 심리학과 언어학의 길을 밟게 된다. 20세기와 21세기의 사상사를 전면적으로 장식한 두 학자가 본격적인 학문의 길로 접어드는 과정을 살펴보자.

흥미롭게도 스키너와 촘스키는 둘 다 버트런드 러셀Bertrand Russell, 1872~1970의 책과 사상에 매료되면서 학자의 길을 걷기 시작했다고 회고한다.

러셀은 영국의 철학자이자 수리논리학자, 사회평론가, 1950년 노벨 문학상 수상자 등 다양한 타이틀을 보유한 학자다. 학문 영역 외에도, 사회 개혁 분야와 비폭력 반전 평화주의자로도 많은 활동을 했다. 대중적으로는 '러셀의 패러독스Russell's paradox●'로 널리 알려져 있다.

러셀은 언어 표현과 의미의 행동주의적 분석에 대해 여러 제안을 내놓기도 했다. 예를 들면, 표현을 발화하는 과정에서 일어날 수 있는 환경적 원인과 이것이 화자에게 미칠 영향들에 대해 논의했다. 러셀은 이 세상을 '습성들habits'이라고 표현하면서 이것은 마치 동물들의 행동에 '습성'이 있는 것을 보면 알 수 있다고 논의해 경험주의적 관점을 암시했다. 그러나 러셀은 환경의 자극과 반응 또는 습성 구조들[habit structures]에 관련된 연구가 언어의 분석에 얼마나 도움이 될지는 회의적이라고 말하면서, 인간은 이 세상을 한편으로는 선험적으로, 다른 한편으로는 경험적으로 습득한다고 논했다. 두 가지 가능성을 모두 열어둔 것이다.

스키너가 러셀의 이런 행동주의적 입장에 영향을 받은 것은 해밀턴 칼리지를 졸업하고 2년이 지난 1928년 봄이었다. 찰스 오그던[Charles K. Ogden, 1889~1957]과 아이버 리처즈[Ivor A. Richards, 1893~1979]의 《의미의 의미[The Meaning of Meaning]》에 대한 러셀의 서평을 읽은 후 감명을 받은 스키너는 바로 존 B. 왓슨[John B. Watson, 1878~1958]의 《행동주의[Behaviorism]》(1925)와 러셀의 저서인 《철학의 개관[An Outline of

----

▧▧ 러셀의 패러독스

러셀은 1901년 독일의 수학자 프레게(Gottlob Frege, 1848~1925)의 소박한 집합론(naive set theory)이 모순으로 귀결됨을 발견했다. 자기 자신에 속하지 않는 집합들의 집합 M이 있을 때, 'M은 자기 자신에 속하는가, 속하지 않는가'라는 질문을 해보자. M이 M에 속하지 않는다면 M의 정의에 따라 M은 자기 자신에 속한다. 또 M이 M에 속한다고 하면, M의 정의에 따라 M은 자기 자신에 속하지 않는다. 어느 경우이든 모순에 도달한다. 이를 '러셀의 패러독스'라 한다. 러셀의 패러독스는 대중적으로 이해가 쉽도록 여러 '버전'이 유행했는데, 1919년 출간된 《논리적 원자론의 철학(The Philosophy of Logical Atomism)》에서 러셀이 다른 사람에게서 제안받았다며 소개한 '이발사의 역설'이 가장 대표적이다. 어떤 마을에 스스로 이발을 하지 않는 모든 사람들의 이발을 해주는 이발사가 있다고 전제하자. 이 이발사는 스스로 이발을 해야 할까? 만약 스스로 이발을 하지 않는다면, 자신의 전제에 의해 자신이 자신을 이발해야 하고, 거꾸로 만약 자기가 스스로 이발을 한다면, 전제에 의해 그 이발사는 자신을 이발해서는 안 된다.

Philosophy》(1927)을 찾아 읽었다. 그리고 마침내 1928년, 왓슨이 《새터데이 리뷰Saturday Review of Literature》에 루이스 버먼Louis Berman의 《행동주의라는 이름의 종교The Religion Called Behaviorism》(1927)에 대한 서평을 기고했을 즈음, 스키너는 자신이 행동주의자라고 인정한다. 그러나 나중에 스키너는 '의미'에 대한 왓슨

노엄 촘스키

과 러셀 등 논리실증주의자logical positivist들의 주장에 대해 반박하면서 러셀의 영향권을 벗어나기 시작한다.

촘스키는 선험주의 사상을 개척한 학자이지만, 저서나 인터뷰를 통해 경험주의를 고수한 러셀의 사상을 꾸준히 인용하고, 또한 늘 존경의 뜻을 표현하고는 한다. 고등학교 시절부터 이미 러셀을 미래의 역할 모델로 삼았는데, 그의 집무실에는 아직도 러셀의 대형 포스터 사진이 걸려 있다고 한다.

러셀은 특히 촘스키의 철학과 논리학 사고에 많은 영향을 끼쳤다. 또한 민중 해방의 동기에 대해 깊은 사명감을 가진 것, 억압받는 하층 계급을 위해서라면 자신의 명성이나 자유를 희생할 각오로 임한 것도 두 사람의 공통점이었다. 실제로 러셀은 데모를 주동해 경찰에 연행되기도 했으며 글로써 사회 문제를 널리 알리기도 했는데, 러셀의 이러한 정치적 활동을 보며 촘스키는 억압 속에 사는 민중과 단결하는 것이야말로 도덕적인 위엄을

촘스키는 아직도 러셀의 대형 포스터를 집무실에 걸어놓고 있다.

지닌 지식인들이 실천해야 하는 일임을 깨달았다고 한다.

러셀의 정치적 신념에 대한 전적인 공감과는 달리, 본성주의와 경험주의에 대한 자신의 주장을 논의할 때는 촘스키는 러셀의 생각에 부분적으로는 동의하지 않는다는 입장을 분명히 밝힌다. 촘스키는 러셀의 서거 1년 후 있었던 '러셀 강연The Russell Lectures'에서 언어의 표현과 의미에 대한 러셀의 행동주의적 분석에 대해 "신빙성 없는" 주장이라며 부정적으로 논평한 바 있다. 한편, 촘스키는 러셀이 자극-반응의 역할을 인정하지 않은 점은 옹호했다. 특히 러셀이 강조했던 인간의 내성intrinsic nature과 창의적 잠재 능력creative potential을 늘 높이 평가했다.

러셀의 사상에 감명을 받으며 학문의 길에 입문한 스키너와 촘스키. 프로스트의 시 〈가지 않은 길The Road Not Taken〉처럼, 두 학자는 결국 아무도 "가지 않은 길"을 택해 러셀과는 또 다른 사상을 발전시키게 되었다. 스키너는 자극-반응 행동주의, 촘스키는 본성주의를 주장하면서 두 학자는 완전히 서로 다른 '두 갈래

길'의 여정을 택한다. 그들이 선택한 두 갈래 길을 살펴보기에 앞서 정치 평론가이자 정책 비평가로서 더 명성을 높이고 있는 촘스키의 활동을 짚어보자.

살아 있는 미국의 양심, 촘스키

1970년대에 촘스키는 주류 언론에서는 소외받고 있었지만, 이미 학계에서는 언어학자로서뿐만 아니라 언어학, 심리학, 컴퓨터공학, 신경과학, 심리철학 등을 포괄하는 인지과학자로서, 그리고 일반 대중에게는 정치 평론가로, 정책 비판가로서 세계적으로 유명해져 있었다. 당시 캄보디아 등의 인도차이나 국가에 대한 미국의 파괴 행위를 매우 야만적이고 혐오스러운 행위라고 비판했으며, 베트남 전쟁에 대해서는 마치 "선행을 베풀기 위한 노력"인 것처럼 시작했다가 결국 비용을 감당하지 못하여 "재난을 야기한 만행"이었다고 평가했다. 그는 정책에 반대할 때는 항의 데모도 주저하지 않았다.

그는 정치적 신념에 관한 한 러셀을 전적으로 지지했다. 일례로, 촘스키는《세계를 해석하는 것에 대하여, 세계를 변화시키는 것에 대하여Problems of Knowledge and Freedom》(1971)의 서문에서 러셀의 말을 인용하고 싶은 유혹을 뿌리칠 수 없다고 하면서 러셀의 무정부주의와 사회주의 사상이 담긴 다음 말을 인용한 바 있다.

자기 자신, 친구들, 그리고 세상에 대해 견실한 생활을 하는 사람들은 늘 희망과 즐거움이 가득하고, 사생활에서는 주변의 사 랑과 존경을 잃을까 조바심을 내지도 않고 다른 사람에 대한 질 투로 괴로워하지도 않으며, 정치적인 문제에 대해서는 자기 계 층만을 위한 불공평한 특권을 방어하기보다는 이 세상을 보다 행복하고 덜 잔인하며, 탐욕스러운 경쟁자들의 갈등이 덜 존재 하고, 탄압에 굴하거나 방해를 받지 않는 사람들이 더 많이 있 도록 만드는 것을 목표로 산다.

러셀, 《자유를 향해 제시된 길Proposed Roads to Freedom》(1918)

일례로, 촘스키는 한 서한을 통해 가두 행진, 서명 운동 등 구 체적인 정치 참여 활동을 전개하는 러셀과 같은 사람들에 대해 공감을 표명하면서 다음과 같이 알베르트 아인슈타인Albert Einstein, 1879~1955과 비교한 적이 있다. 아인슈타인은 프린스턴 대학에서 대체로 안락한 생활을 하면서 자신의 연구에 몰입한 반면, 러셀 은 데모하다가 경찰에 끌려가기도 했고 당대의 문제에 대해 글 로써 널리 자신의 의견을 피력하고 전쟁범에 대한 재판을 조직 하기도 했는데, 러셀은 현재까지 종종 비난을 받는 반면, 아인슈 타인은 성인으로 추앙된다는 것이다.

1980년대 이후 촘스키는 언어학과 인지과학 분야에서뿐만 아니라 정치, 경제, 역사, 사회, 문화, 사상 등 다방면에 관련된 숱한 사건에 대해 탁월한 성찰과 날카로운 지성으로 꾸준히 논 평해왔다. '살아 있는 미국의 양심'으로 불릴 정도로 미국 외 교 정책의 부조리를 비판하며 '지식인다운 목소리' 역할을 하 고 있으며, 한국의 통일과 북핵 문제, 한미 관계와 동북아 정세 등에도 높은 관심을 보이고, 해박한 지식으로 세계의 미래를 예견하고 있다. 최근에는 특히 핵전쟁, 환경 재앙, 그리고 신자유주의의 빈익빈 부익부 현상을 현 인류의 심각한 위협으로 손꼽으면서, 이라크 전쟁, 니카라과 전쟁, 9·11 테러, 북한의 인권 유린, NGO의 역할, 독과점 사기업에 대한 자신의 의견을 다수의 글과 방송 매체를 통해 피력하고 있다. 이것은 촘스키의 민주주의적 이상주의democratic idealism 또는 자유의지론을 반영하는 것이다.

촘스키의 자유의지론은 존 로크John Locke, 1632~1704의 고전자유주의classical liberalism와 크게 대조되는 사상이다. 촘스키는 개인이나 국가의 경제적, 정치적 세력이 소수 집단에 의해 장악될 때 인간의 진정한 자유는 획득될 수 없다고 주장한다. 로크가 재산권을 개인의 삶과 자유를 위한 신성불가침의 조건으로 인정한 것과 달리, 촘스키는 인간의 소유 행위를 '반인간적anti-human' 행위로 일축했고, 자유의지적 사회주의libertarian socialism를 자유이상주의로 충만했던 계몽시대Enlightenment의 후계자로서 지지한다. 일례로, 촘스키는 브레턴우즈Bretton Woods 체제의 신자유 경제 이론neo-liberal economics과 사회·정치적 동기가 성공적으로 실천되었던 1970년대를 자본주의의 황금기로 천명한 경제학자들의 의견에 동의한다. 최근 인터뷰(2008년 11월 27일)에서 촘스키는 1970년대가 빈익빈 부익부의 문제가 없던 시기로서 인간 사회의 평등주의도 가능했다는 점을 주목하면서, 현 경제의 위기도 1970년대 후반 이후 지난 30여 년간 세계를 지배하고 있는 경제 체제와 사회·정치 제도의 해체에서 실마리를 풀 수 있을 것이라고 주장했다.

촘스키의 자유의지론은 1990년대 이후 영국과 미국 등 서구에서 범람하기 시작한 신자유주의neoliberalism에 도전장을 내밀었다. 신자유주의는 세계 자본주의를 이끌어온 케인스주의적 국가개입주의와 포드주의적 국가독점 자본주의 체제가 1970년대 후반에 낳은 위기를 극복하기 위한 시장주의적 처방으로 등장했으나, 촘스키는 《그들에게 국민은 없다Profit over People: Neoliberalism and Global Order》 (1999)라는 책에서 정부는 신자유주의라는 이데올로기로 노동자를 무시하면서 과거 어느 때보다 당당하다고 주장했다.

무한 시장 경쟁을 핵심으로 하는 신자유주의는 마치 무산자에게 혜택이 주어지는 것처럼 속임으로써 소수 부유층의 지배를 정당화할 수 있는 정치·경제적 방법이라는 것이 그의 생각이다. 가난한 사람들은 시장 원리, 경제 법칙에 복종해야 하지만, 소수에 불과한 특권 부유층은 공적 자금의 지원을 받을 수 있어, 그 비용과 위험 부담은 사회로 이전된다는 것이 바로 촘스키가 생각하는 신자유주의다. 따라서 그는 신자유주의라는 미명 아래 서러움과 고통 속에 살아가는 노동자의 실상이 폭로되어야 한다고 주장했다. 특히, 최근의 성장률 둔화, 실업률 증대, 인플레이션 등과 같은 세계적 경제 침체 위기 속에서는 극소수 부유층만 번영을 이룰 뿐, 인류의 빈곤화와 생명의 파괴, 민주주의의 실패가 예견될 수밖에 없다는 것이다. 최근 한 인터뷰에서 촘스키는 국민들이 국가 권력을 제한할 수 있어야 비인도적인 폐해를 방지할 수 있을 것이라고 주장하면서, 그렇지 않으면 핵무기, 대량 살상무기, 그리고 환경 파괴 등의 문제가 발생하여, 인류는 한순간에 파멸할 수도 있을 것이라고 말했다.

촘스키는 2001년의 9·11 테러 이후 중동 지역에 대한 미국의 정치적, 경제적 공세에도 날카로운 비판의 잣대를 들이댔다. 그는 2007년의 한 인터뷰에서 미국의 이라크 침공은 미국이 이미 1960년 이래 중동 지역을 에너지 자원 면에서 매우 중요한 전략 지역으로 인식하고 있었던 사실과 무관하지 않다고 말했다. 그는 미국 정부가 이라크 침공의 동기에 대해 일관성 없는 태도와 공언을 했다고 다음과 같이 지적한다. 미국의 이라크 공격이 감행된 4월 12일, 미국 정부가 공언한 침공의 이유는 이라크의 대량살상무기를 제거하기 위함이었다. 하지만 바로 다음 날에는 침공 동기에 대해 이라크의 비무장화가 아니라 이라크의 정권 교체라고 말을 바꾸더니, 그다음 날에는 정권 교체로 부족했는지 이라크의 민주주의 확립이 목적이라고 말하는 등 청중과 상황이 바뀔 때마다 변칙적인 성명을 일삼았다며 비판했다. 촘스키는 〈임박한 위기: 위협과 기회Imminent Crises: Threats and Opportunities〉 (2006)에서 미국은 "중동 지역 석유에 대한 통제권을 확보해 세계 경제를 주도하는 것이 주요한 정책 목표였고, 그러한 통제권에 위협이 되는 것을 매우 크게 우려했다"라고 밝히고 있다. 바로 이런 맥락에서 미국의 이라크 침공이 불가피했다는 것이다.

이처럼 미국의 정책에 대해 거침없이 비판을 쏟아놓는 것이 지금까지 우리가 알고 있던 촘스키라면, 이 책에서는 스키너를 중심으로 한 행동주의에 도전장을 내밀고 본성주의를 주장한 인지과학자로서의 촘스키를 만나게 될 것이다.

**스키너가
그린
이상 사회**

본격적으로 스키너의 이론으로 들어가기 전에 그의 행동주의에 대한 신념을 그대로 그려내고 있는 소설《월든 투》를 먼저 살펴보는 것도 좋을 듯 싶다.

《월든 투》는 과학적 유토피아 사회에 관한 소설이다. 스키너는 이 소설에서 자신이 생각하는 이상적인 사회 구조와 생활양식을 묘사하고 있다. 이 소설에는 6명의 기획 팀과 여러 경영인들, 몇 명의 과학자들에 의해 운영되는 1,000명의 공동체가 소개되어 있다. 이 사회의 구성원들은 하루에 일하는 시간은 4시간뿐이며, 예술과 여가를 즐긴다. 또 생산적이고 창의적이며 스키너의 행동주의 원리에 입각한 규율을 따른다.

스키너는 이 소설이 출간된 지 약 30년이 지난 1976년에 이 소설의 집필 과정을 소개하면서 책이 출간되기 전에는 소설에서 6명의 기획 팀의 일원으로 등장하는 행동과학자 버리스Burris 교수가 자신의 '강화', '환경', '적절한 반응' 이론 등의 행동주의를 대변하는 인물로 생각했는데, 막상 책이 완성되었을 때는 자신의 모습이 버리스보다는 소설의 주인공인 프레이저T. E. Frazier의 급진주의에 근접했던 것 같다고 회고한 바 있다. 프레이저는 공동체의 설립자로, 그 당시의 미국식 민주주의를 '경건한 사기'라고 비난하는 사회주의자로 등장한다. 실제로 스키너는 《월든 투》를 회고하면서 미국인의 생활양식에 큰 변화가 있어야 한다고 강조했다. 지금처럼 무분별하게 소비하고 환경을 오염시키고 폭력과 혼돈의 와중에 산다면 미국인들은 오래 지탱하지 못할 것이라는 말이다.

이 소설에서 주인공 프레이저는 인간의 자유의 원천을 행동과학에서 일컫는 강화 이론reinforcement theory의 '긍정적 강화positive reinforcement'에서 찾는다. 스키너에 의하면, 긍정적 강화란 상세한 문화적 계획을 토대로 인간의 최종적 행동뿐만 아니라 동기, 욕망, 희망 등 행동의 성향까지 통제하는 효과를 목표로 하면서, 체벌은 이용하지 않고, 대신 인간이 좋아하는 상황을 만들어주는 한편, 싫어하는 상황을 제거함으로써 불쾌한 강제적 통제를 없애 궁극적으로 개인적 자유의 느낌을 보존시킬 수 있다. 프레이저의 말을 빌리면, 실제적 업적이 중요한 것이 아니라 모든 습관과 관습을 개선하려는 의지를 가져야 하며, 매사에 지속적으로 실험적인 태도로 임하는 것이 중요하다.

이 말은 스키너가 《월든 투》 후기의 결론으로 한 얘기와 같은 맥락에서 이해될 수 있을 것 같다. 스키너에 따르면 미국의 미래에는 두 가지 길이 있다. 속수무책으로 비참하고 비극적인 미래를 맞이하는 길이 있고, 아니면 인간 행동의 원리가 토대가 되어 생산적이고 창조적인 생활이 보장될 수 있는 사회 환경을 조성하는 길이 있다는 것이다. 결국 《월든 투》는 미래의 인간 사회에 대한 스키너의 실험인 셈이다. 이러한 의미에서 《월든 투》는 비록 소설의 형태로 쓰였지만, 인간 행동에 대한 스키너 자신의 개념과 사상이 깊게 담겨 있어, 마치 사회과학도를 위한 참고서라는 생각이 들기도 한다.

미래 사회의 자유의 문제를 다룬 스키너의 《월든 투》가 재출간되던 1970년대에 촘스키는 여전히 스키너의 이론에 반대하는 서평을 거듭 기고하고 있었다. 1971년에 촘스키는 스키너의 저서인 《자유와 존엄을 넘어서^{Beyond Freedom and Dignity}》(1971)에 대한 평론을 《뉴욕 서평^{The New York Review of Books}》에 기고했다. 이 서평에서 촘스키는 스키너가 제안하는 유토피아에 대해 "교묘히 운영되는 집단 수용소에 갇혀 있는 수용자들, 가스 화로에서 분출되는 연기 아래에서 서로를 감시하는 수용자들"의 모습과 무엇이 다르냐고 비판했다. 이듬해인 1972년에 스키너는 《런던 타임스^{The Times}》에 촘스키의 논평에 대한 반응을 다음과 같이 피력했다.

> 그 정도의 지적 능력을 가진 사람이 어떻게 그런 말을 할 수 있는지 의아할 뿐이다. 우리는 논쟁의 반대편에 서 있고, 나는 그것으로 만족한다. 나는 그를 진지한 비평가로 여기지 않는다. 그는 유심론자이고, 행동에 관한 과학이 존재한다는 것을 인정하지 않고 있다. 그는 행동 조절이라는 분야에서 어떤 연구가 진행되고 있는지 모르고 있으며, 이로 인해 자신의 언어학에서도 어려움을 겪을 것이다.

마음은 '백지장'인가?

박순철의 작품 중 〈부전자전〉(1999)이라는 그림이 있다. 그림 속의 아버지와 아들이 잠들어 있는 자태가 놀라울 정도로 흡사하다. 신기할 정도로 닮은 아버지와 아들의 모습은 어떻게 형성된 것일까? 후천적 학습이 없었다면, 아들의 자태는 글자 그대로 부전자전, 즉 아버지로부터 유전적으로 타고난 것일까? 우리 가족 혹은 친구나 이웃의 가족들을 보면 부모와 자녀들, 형제들 사이에 비슷한 모습을, 또는 조금씩 다른 모습을 발견할 때가 있다. 가족과 형제들 사이에서 쉽게 찾아볼 수 있는 닮은 모습들은 선천적으로 타고난 것일까, 아니면 후천적으로 주어진 환경에 의한 것일까? 과연 인간은 어느 정도의 선천성과 후천성으로 어떻게 영향을 받으면서 성숙해지는 것일까?

부전자전은 뻐꾸기의 노래에서도 발견된다. 뻐꾸기는 다른 새의 둥지에 알을 낳기 때문에, 아기 뻐꾸기는 제 부모의 울음소리

<부전자전> 박순철

를 들으면서 자랄 수가 없다. 그런데 신기하게도 모든 뻐꾸기가 같은 울음소리를 낸다. 물론 모든 새가 뻐꾸기처럼 노래를 학습하는 것은 아니다. 예를 들어, 멋쟁이새bullfinch는 다른 새의 둥우리에서 살게 되면 자기 노래가 아닌 다른 새의 노래를 부르게 된다고 한다. 그렇다면 멋쟁이새는 뻐꾸기와 달리 환경의 영향에 의해 노래 학습을 한다고 봐야 하지 않을까?

부전자전의 가능성은 쌍둥이 연구에서도 종종 발견된다. 일란성 쌍둥이의 경우 유사한 성향을 지니고 있다고 한다. 심지어는 다음과 같은 연구가 보고된 적이 있다. 언제나 똑같은 옷을 입는 쌍둥이 자매인 재닛Janet과 진Jean에게 어느 날 한 백화점에서 서로 헤어져 각자 따로 쇼핑을 하며 마음에 드는 물건을 구입하게 했다. 그리고 정해진 시간에 다시 만나 각자가 선택한 상품을 비교해보았다. 몇 시간 후에 만난 두 사람은 동일한 의상을 손에 들고 있었다. 이 실험 결과를 놓고 보면 일란성 쌍둥이의 취향이나 성향은 타고난 것이라는 생각이 든다.

한편, 늑대나 곰에 의해 길러진 후 사람의 손에 양육된 '야생 아이들wild children'의 사례를 보면, 인간의 발달은 뻐꾸기의 선천적 능력과 멋쟁이새와 같은 후천성 학습 능력을 모두 조금씩 지닌 것 같은 생각이 들기도 한다. 1920년에 선교사 싱Joseph Singh은 인도의 메디니푸르Medinipur에서 늑대와 함께 생활하던 두 여자아이 카말라Kamala와 아말라Amala를 발견했다. 발견 당시 카말라는 약 8세, 그리고 아말라는 약 한 살 반 정도로, 두 아이의 행동과 언어는 사람보다는 늑대에 가까웠다. 늑대와 함께 생활하는 동안 늑대처럼 두 손과 두 발을 이용해 걸어 다녔던 이 소녀들의 손바닥과 무릎에는 딱딱하게 굳은살이 박여 있었고, 늑대와 마찬가지로 야행성이 발달해 태양을 싫어한 반면, 밤에도 사물을 쉽게 식별할 수 있었다. 또한 후각과 청각이 뛰어나게 발달해 있었으며 날고기를 즐겨 먹었고 신체 접촉에 과민한 반응을 보여 옷 입는 것도 싫어했다. 그리고 추위와 열에 대해 둔감했으며 공포 외의 감정은 거의 표현하지 못하는 것 같아 보였다고 한다.

두 아이는 처음 발견되었을 당시 마치 늑대같이 고음으로 울부짖는 함성을 지를 뿐 인간의 언어는 전혀 사용하지 못했다. 발견 당시 한 살 반 정도였던 아말라는 사람들과 접촉하면서 두 돌정도 수준의 언어를 습득할 수 있었지만, 8세 정도에 발견된 카말라는 어린 아말라보다 언어 발달이 훨씬 늦어, 발견 후 3~4년이 지나도록 간신히 단어 40개 정도를 습득하는 데 그쳤다.

두 아이는 나중에는 두 발로 걸을 수는 있었지만 야생의 습성이 남아 있어 급히 움직여야 할 때는 네 발로 걷는 것을 더 좋아했다고 한다. 결국 두 아이는 오래 살지 못하고 발견 후 몇 년 이 내에 모두 사망했다.

두 아이들의 영양 상태와 두뇌 발달에 대한 의학적인 보고가 미비하고 또한 비슷한 사례가 희귀하기 때문에 객관적인 결론을 내리기는 쉽지 않다. 그러나 아말라와 카말라의 사례는 인간의 능력이 과연 선천적인지 아니면 후천적인지에 대해 몇 가지 시사하는 바가 있다. 발견 당시 한 살 반이었던 아말라가 8세의 카말라보다 언어 습득이 빨랐다는 점은 인간의 언어 능력이 습득

❖아말라와 카말라의 사례는 인간의 능력이 과연 선천적인지 아니면 후천적인지에 대해 몇 가지 시사하는 바가 있다.

시기의 연령, 또는 두뇌의 가소성^{plasticity}과 관계있다는 것을 의미했다. 또 두 아이 모두 발견 당시 인간의 언어 대신 늑대의 울음소리를 내고 있었다는 것은 인간의 언어는 환경적 조건이 충족되지 않으면 발현되지 못할 수도 있다는 가능성을 암시했다. 아말라와 카말라의 사례로 볼 때 인간의 언어 능력은 선험성과 경험성 두 가지 가능성과 모두 관련되었다고 보아도 좋을까? 그렇다면 인간의 마음은 태어날 때 어떤 상태일까? 인간의 행동을 결정할 수 있는 어떤 지식과 잠재 능력을 선험적으로 갖춘 상태일까, 아니면 텅 빈 백지장^{white papaer}일까?

로크는 《인간오성론^{An Essay Concerning Human Understanding}》(1690)에서 인간의 마음을 "어떤 글자도, 생각도 없이 텅 빈 백지장"으로 표현했다. 로크는 백지장의 이성과 지식은 '경험'에 의해 채워진다고 가정한다. 과연 앎의 세계는 로크의 생각처럼 경험으로 결정되는 것일까, 아니면 본성주의자들의 주장처럼 선천적 능력에 의해 결정되는 것일까?

로크처럼 인간의 마음을 아무것도 없는 '공백'으로 생각한 역사는 매우 오래다. 보통 기원전 4세기에 아리스토텔레스^{Aristoteles, BC 384~322}가 《영혼에 관하여^{De anima}》에서 인간의 마음을 '아무것도 쓰지 않은 서판^{書板}'에 비유한 것을 최초로 꼽는다. 그래서 라이프니츠^{Gottfried Wilhelm Leibniz, 1646~1716}는 로크의 《인간오성론》을 비판하는 글에서 로크의 백지장 개념을 아리스토텔레스와 연관 지어 '비어 있는 서판'이라는 뜻의 라틴어 '타불라 라사^{tabula rasa}'로 표현했다. 이 덕분에 타불라 라사는 로크의 백지장 개념의 대명사처럼 사용되고 있다. 또한 인간의 마음은 태어날 때 텅 비어 있는 상태인지 아니면 선천적으로 잠재 능력을 갖추고 있는지에 대한 논쟁을 두고 비유적으로 '빈 서판' 대 '찬 서판' 논쟁으로 표현하기도 한다. 이는 인간의 특성이 본성적인 것인지, 양육에 의한 것인지를 따지는 '본성nature' 대 '양육nurture' 논쟁과도 일맥 상통한다. 하지만 인간의 마음이 경험성과 선험성 모두와 관련 된다면 문제의 핵심은 선험성의 발현 시기, 선험 능력의 본질, 경험의 역할, 선험 능력과 경험의 상호 관계 등 여러 과제에서 찾을 수 있을 것이다.

그렇다면 스키너와 촘스키는 인간의 마음에 대해 어떻게 생각 했을까? 이미 언급했다시피, 인간의 '마음'에 대해 스키너와 촘 스키는 매우 대조적인 입장을 갖고 있다. 스키너는 동물 실험을 이용해 인간의 행동을 연구한 이반 파블로프Ivan Pavlov, 1849~1936와 왓슨 등의 행동과학자들에 의해 영향을 받아 조작적 조건화operant conditioning 이론을 기반으로 한 경험주의empiricism를 옹호한 반면, 촘 스키는 데카르트의 합리주의의 영향을 크게 받으면서 본성주의 를 발전시켰다. 따라서 스키너에게 마음은 자극과 반응에 의해 후천적으로 채워져야 할, 텅 빈 백지장을 대변하고, 촘스키에게 마음은 선험적 능력faculty으로 가득 채워진 '장기organ'를 대변한 다. 이 장에서는 먼저 스키너의 이론을 간략히 보기로 하고, 그 에 앞서 스키너에게 지대한 영향을 끼친 파블로프와 왓슨의 이 론을 살펴보겠다.

파블로프와 왓슨의 조건 반응

파블로프는 소화 과정에 관한 연구로 1904년 노벨상을 수상한 러시아의 생리학자로서, 1890년대에 개를 이용한 실험으로 학계에 큰 반향을 불러일으켰다. 파블로프는 아래 그림과 같은 장치를 이용해 개에게 고기 접시를 제시하고 그때 분비되는 개의 타액을 수집했는데, 고기 접시와 종소리를 동시에 제시한 후에 종소리에 대한 개의 반응을 관찰했다. 종소리와 고기 접시를 동시에 제시하는 것이 몇 차례 반복되자 나중에 개는 종소리만 들어도 타액을 분비했다. 이 실험에 따르면, 개가 음식물의 냄새를 맡을 때 침을 흘린 것은 학습의 과정을 거치지 않은, 본능적이고 무조건적인 반응인 데 반해, 밥을 줄 때마다 종소리를 들려준 후 나중에는 음식이 주어지지 않은 상태에서 종소리만 들려줘도 타액을 분비하는 반응을

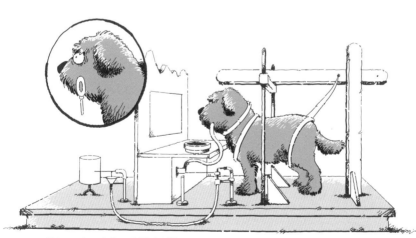

❖파블로프의 고전적 조건 형성 실험 종소리와 고기 접시를 동시에 제시하는 것이 몇 차례 반복되자 나중에 개는 종소리만 들어도 타액을 분비했다.

'파블로프의 개'로 학계에 큰 반향을
불러일으킨 생리학자 이반 파블로프

한 것은 종소리가 '조건 자극'으로
학습된 결과다.

고전적 조건 형성은 우리가 일상
생활에서 경험하는 다양한 감각적
현상을 설명할 수 있다. 예를 들어,
더운 여름에 TV에서 눈이 오는 모
습이나 빙산이 나오는 장면을 보면
약간 서늘한 느낌을 받고는 한다.
살구나 귤처럼 신 음식을 떠올리는
것만으로도 입안에 신맛이 느껴지며 저절로 침이 고이고, 절벽
가까이나 고층 건물의 꼭대기에 서 있을 때, 혹은 서 있다고 상
상만 해도 다리의 힘이 빠지는 것 같은 두려움을 느낄 때가 있
다. 두려움이나 신맛의 경험을 행동주의자들은 이렇게 설명한
다. '귤'이라는 자극과 '신맛'이라는 반응이 연계된 것으로, 우
리가 어떤 자극을 반복적으로 경험하면 결국 조건 형성이라는
학습 과정을 통해서 자극-반응의 연합이 형성되어 유사한 자극
만 경험해도 동일한 반응이 유발된다는 것이다.

파블로프의 개가 종소리만 들려도 침을 흘린 것은 당대 과학
계를 놀라게 한 엄청난 사건이었다. 파블로프의 조건 반사 실험
결과에 감명받은 왓슨은 전통적 심리 치료의 불확실성과 비효율
성에 도전하면서, 공포증과 같은 정서 반응이 환경 자극에 의해
학습될 수 있다는 것을 실험으로 입증했다. 왓슨의 실험 대상은
흰쥐를 두려워하지 않는 11개월 된 유아 앨버트[Albert]였다. 흰쥐가
앨버트 앞에 나타날 때마다 갑작스럽게 요란한 징 소리를 내어

앨버트를 깜짝 놀라게 했다. 이러한 과정이 7~8회 반복된 후 앨버트는 흰쥐 공포증 환자가 되었다. 이 실험 결과는 고전 조건화의 방법으로 응용해 어린이들의 공포증을 치료하는 데 성공적으로 이용되어, 심리 치료에 대한 새로운 대안을 제시하는 데 크게 공헌했다. 왓슨의 실험은 전통적 심리 치료에 새로운 전기를 제공했으나, 클라크 헐[Clark L. Hull, 1884~1952], 존 돌러드[John Dollard, 1900~1980]와 닐 밀러[Neal Miller, 1909~2002], 스키너 등 쟁쟁한 행동주의 심리학자들이 학습 이론을 체계화하기 전까지는 크게 빛을 보지 못했다.

1928년 7월, 유럽 여행길에 올랐던 스키너는 비행기 안에서 책을 읽다가 갑자기 마치 파블로프의 '조건화된 반응[conditioned response]'을 스스로 체험하는 듯한 느낌을 강하게 받았다. 그리고 그 순간을 다음과 같이 기술했다.

> 나는 갑작스레 들리는 매우 큰 나팔 소리에 놀랐다. 승무원 한 사람이 내 뒤에서 저녁 식사가 준비되었다는 통상적인 안내를 그런 방법으로 한 것이다. 식사 후 나는 다시 독서를 계속하려고 했다. 다시 책을 들었을 때 조금 전 큰 나팔 소리 때문에 잠시 중단했던 부분에 도달한 순간 나는 감각적인, 감정적인 반응이 점차적으로 형성되어가는 것을 느낄 수 있었다. 바로 이것이야말로 파블로프가 예측한 반응이 아니던가!
>
> 스키너, 《내 인생의 명세서Particulars of My Life: Part One of an Autobiography》(1976)

당대의 다른 미국 젊은이들과는 달리, 스키너는 유럽에서 크게 감명받은 것은 없었다고 한다. 다만 그는 여행을 마치며 평생

동안 어떤 사상을 펼쳐나갈지 확신할 수 있었으며, 덕분에 24세의 스키너는 귀국하자마자 본격적으로 행동주의자로서의 여정을 시작한다.

스키너 상자

스키너는 파블로프, 왓슨 등 그 당시의 고전적 조건화 이론을 주창한 초기 행동주의자들에게 영향을 받았으나, 파블로프의 이론에 대해서는 불만을 표명했다. 스키너에 의하면, 파블로프의 실험에서 관찰된 개의 침 흘리는 행위는 종소리가 들리건 들리지 않건 자체적으로 늘 가능한 '반사적' 행동에 불과한 것이기 때문이다. 스키너는 인간과 다른 동물들의 다양한 행동을 고전적 조건화 이론으로는 설명할 수 없다고 주장했다. 예를 들면, 회사에서 열심히 일하는 행동은 반사적인 반응이라기보다는 열심히 일한 결과 수반되는 기쁨이나 진급, 또는 급여 상승 등의 영향을 받아 자발적으로 하게 된 행동일 수 있기 때문이다. 스키너는 이런 종류의 행동을 '조작적 조건 형성'이라고 했다. 즉 여기서 '조작적'이란 유기체가 자극에 대해 단순히 반응하는 것이 아니라 환경을 조작해 변화시킨다는 의미이고, 학습은 반응에 수반하는 결과에 의해 영향을 받는다고 전제한다. 따라서 조작적 조건 형성은 자발적인 인간 행동의 설명에 더 큰 비중을 두고 있다. 결국 스키너는 파블로프의 자극-반응 이론만으로는 자발적 행동들에 대해 만족할 만한 행동과학을 제공할 수 없다고 판단하고 반사적 행동이 아닌 다른 행동을 조건화하는 것이 가능한지 연구하기 위해 '스키너 상자'를 고안하기에 이른다.

1938년 스키너는 《유기체의 행동The Behavior of Organisms: An Experimental Analysis》에서 자신이 직접 고안한 상자와 쥐를 이용한 실험 결과를 발표했다. 스키너는 3차원으로 만들어진 이 상자에 지렛대를 만들어 쥐가 지렛대를 누르면 그에 대한 보상으로 음식물이 제공될 수 있는 장치를 설치했다. 그리고 쥐나 비둘기 같은 동물을 대상으로 동물의 반응을 체계적으로 관찰하고 반응 결과를 통제하면서 기록기를 사용해 동물의 누가cumulative 반응과 제공된 강화물을 기록했다.

스키너는 쥐가 지렛대를 누르는 행동은 바로 그 행동 후 제공

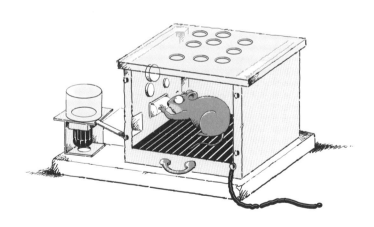

❖스키너 상자 스키너는 3차원으로 만들어진 이 상자에 지렛대를 만들어 쥐가 지렛대를 누르면 그에 대한 보상으로 음식물이 제공될 수 있는 장치를 설치했다.

되는 음식에 의해 강화된다는 사실을 발견하고, 체계적인 실험 조작을 통해 조작적 행동의 강화 원리를 정립했다. 스키너 상자에서는 보상을 얻는 데 필요한 반응의 강도도 자유로 결정할 수가 있고, 동물 반응의 횟수나 강도는 기록 장치에 자동적·누가적으로 기록되었다. 누가 반응 기록기를 사용해 보상 훈련에 있어서의 조건 부여, 소거의 기초적 과정을 명백히 할 수 있다. 또한 동기 유발의 효과, 부수의 문제, 예컨대 쥐가 반응할 때마다 보상을 주는 것이 아니고 간헐적으로 주는 조건 자극이 획득하는 2차 강화의 성질에 관한 것 등 여러 가지 현상에 관해서 연구할 수 있다.

　스키너 상자의 쥐의 행동이 조작적 조건화 과정에 의해 어떻게 연구되는지 구체적으로 설명하면 다음과 같다. 이 실험은 일차적으로 굶주린 쥐를 상자 속에 넣어두고 그 쥐의 행동을 관찰하면서 진행된다. 이때 쥐에게는 쥐의 행동을 촉발하는 어떤 자극도 주지 않는다. 다른 자극이 없는 상태에서 굶주린 쥐는 '우연히' 어느 순간 지렛대를 누를 수 있을 것이다. 지렛대를 누른 결과 음식물과 같은 강화인reinforcer을 얻게 되면, 쥐는 지렛대 누르는 행동을 반복해 음식을 얻게 된다. 이러한 과정을 통해 쥐는 지렛대를 누르는 행동(반응)을 '조건화'하게 된다. 이처럼 조작적 조건화에서는 어떤 행동의 결과로 강화인이 주어진다. 이런 과정이 거듭 되풀이되면 쥐의 '지렛대 누르기'의 빈도는 증가하게 되는데, 이런 변화를 누가 반응 기록기의 그림으로 보면 오른쪽 그림과 같다. 이 그림을 보면, 강화인은 처음 몇 번 반복해서 주어졌을 때는 큰 효과를 보지 못하다가 시간이 경과되면서 점

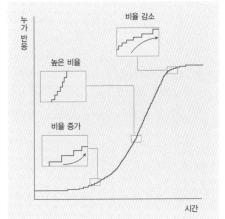

❖누가 반응 기록기와 이를 통해 기록된 그래프

차적으로 반응의 빈도가 현저히 증가하는 것을 볼 수 있다. 이렇게 행동이 조건화되면 나중에는 비록 음식물이 제공되지 않더라도 쥐는 지렛대를 누르게 된다. 그러나 강화인인 음식물이 제공되지 않으면 행동의 빈도는 차츰 줄어든다. 궁극적으로 어느 시점이 되면 그런 반응의 빈도는 점차적으로 줄어들다가 행동이 멈추게 되는데, 스키너는 이를 '행동의 소거'라고 했다.

이 사례는 스키너가 1932~1936년에 실시한 수십 가지의 실험 중 하나로, '변동 강화 계획variable schedules of reinforcement'이라는 실험에서 예측한 것이다. 실제 실험에서는 동물들과 지렛대가 이용되었으며, 역시 동물들이 지렛대를 누를 때 음식을 불규칙적으로 제공했다. 음식과 같은 보상을 불규칙적으로 주면 동물들이 좌절해 지렛대를 누르는 행동을 중지할 것이라고 생각할 수 있지만, 실제로 동물들은 중지하지 않았다. 놀랍게도 스키너는 보상이 정기적으로 제공되지 않을 때 조작적 행동이 중단되기가 더욱 힘들어진다는 새로운 사실을 발견하게 되었다. 이 실험을 계기로 우발적 강화가 동물들에게 어떤 효과를 미치는지에 관한 연구가 체계적으로 이루어지기 시작했다.

조작적 조건화 과정은 우리의 일상생활에서도 관찰할 수 있다. 어느 날 아이가 울었는데, 엄마가 아이를 안아주면서 어디가 불편한지 관심을 보이면, '울다'라는 조작적 행동이 엄마의 관심에 의해 강화되고 조건화되면서 아이는 그날 이후에도 불편한 것이 있을 때는 우는 행위를 하게 될 것이라는 가정이다. 그런데 현실적으로 엄마들은 아이가 울어도 종종 즉각적으로 안아주고 관심을 보이지 못하는 경우가 종종 있기 때문에 엄마의 강화는 불규칙적이지만, 아이들은 불규칙적인 강화에도 불구하고 불편해지면 우는 조작적 행동을 하곤 한다.

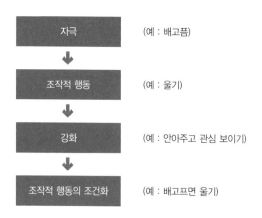

조작적 조건화 과정의 예

1953년, 스키너는 《과학과 인간의 행동^{Science and Human Behavior}》이라는 저서를 통해 행동의 원리가 인간에게 적용될 수 있다는 점을 시사했다. 우리 스스로가 또는 주변 사람들 중에서 이해할 수 없을 정도로 어리석은 행동을 계속해서 하는 것을 볼 수 있는데, 이런 행동은 스키너의 조작적 조건화 이론으로 설명할 수 있다. 예를 들면 주식 투자나 도박에서 재산을 송두리째 잃는 행동에 대해 스키너는 어쩌다 조금이라도 이득을 챙기게 되어 그 재미에 의해 강화되고 조건화된 결과라고 설명할 것이다. 스키너는 애인의 사랑을 꾸준히 받지 못하면서도 계속 만나려 안간힘을 쓰는 사람에 대해서도 비슷하게 설명할 것이다. 즉 애인으로부터 어쩌다 받는 관심이라도 그 관심에 의해 강화되고 조건화되어 안간힘을 쓰는 것이라고 말이다.

언어행동론

스키너 상자의 강화와 조건화 실험으로 학계가 떠들썩했던 1930년대 중반, 스키너는 동물의 행동뿐만 아니라 두운법^{頭韻法}(시에서 구나 행의 첫머리에 규칙적으로 같은 운의 글자를 다는 일)과 같은 시의 운율에도 심취해 있었다. 1937년에는 '문학심리학^{The psychology of literature}'이라는 과목을 개설하기까지 했다. 그러다 1942년에 아메리카 대륙의 학자 및 예술가들에게 수여되는 구겐하임 장학금^{Guggenheim Fellowships}을 받은 것이 계기가 되어 1944년부터 본격적으로 《언어행동론^{Verbal Behavior}》(1957)을 쓰기 시작했다. 이때부터 스키너는 동물 실험 대신 인간의 언어 행위에 주력하면서, 인간의 행동도 동물의 행동을 예측하고 통제하는 강화와 조건화에 의해 형성된다고 주장하기 시작했다.

스키너의 언어행동론은 화자와 청자의 관계를 중심으로 발전된 이론이다. 언어 행위란 다른 사람(예: 청자)이 매개가 되어 강화되는 행동 또는 다른 사람에게 영향을 끼칠 수 있는 모든 움직임을 의미한다. 예를 들어, 스키너에게 "물 줘!"라는 명령형 문장이 갖는 담화상의 의미는 '화자의 물에 대한 욕구', 즉 '박탈의 상태'를 나타내며, 이때 청자가 화자의 의도에 따라 물을 준다면, 이 행동은 화자의 요구 또는 명령을 강화하도록 동기화하는 '매개'가 된다는 것이다. 물론 스키너가 말하는 언어 행위가 반드시 이런 박탈의 상태를 전제하는 것은 아니다. 예를 들어, 상대방이 적절한 반응을 보였을 때 "참 잘했어요"라고 칭찬하면서 사탕을 준다면, 상대방은 칭찬에 의해 강화된다고 가정한다. 스키너는 강화시키는 요인들, 즉 강화인의 대표적인 유형으로 관심attention, 인정approval, 애정affection, 복종submissiveness 등을 꼽는다. 따라서 스키너에게 있어서 언어 행위란 이러한 강화인들에 의해 조성되는 화자와 청자의 행동(유관 형성 행동contingency-shaped behavior)인 것이다. 스키너에 따르면, 유기체는 긍정적인 결과가 수반되는 반응을 반복하려는 경향이 있어 특정한 반응을 나타내는 횟수가 증가하는데, 이것이 강화에 조절된 결과이다.

《언어행동론》에서 스키너는 아동의 언어 지식에 대해서도 논했다. 이 이론에 의하면, 아동은 환경에서 우발적으로 접하게 되는 부모나 이웃과의 의사소통 과정에서 다른 사람들의 언어 형태를 거듭 모방함으로써 언어 지식이 형성된다. 즉 환경에서 후천적으로 획득한 경험은 인간을 설명하는 근간이 되며, 인간의 목적, 앎, 기분, 의도 등 모두가 과거의 경험에 의거하고, 예술가, 정치인, 작가, 과학자들의 업적도 대부분 환경적 우발성에 의해 설명될 수 있다고 주장한다. 아동이 문장 구조를 습득하는 것도 마찬가지이다. 즉 문장의 구조는 단어 사이에서 일어나는 일련의

"강화에 의해 조절되고 있군..."

"참 잘했어요." 쪽!

❖ 상대방이 적절한 반응을 보였을 때 "참 잘했어요"라고 칭찬하면서 사탕을 준다면, 상대방은 칭찬에 의해 강화된다고 가정한다.

연상 작용(연상 연쇄^{chain of associations})을 의미하며, 아동은 '모방'을 통해 언어를 배운다고 전제했다. 가령, 어떤 아이가 '개'와 '뛰다' 두 단어를 아는 상태에서 '개가 뛰고 있다'와 같은 문장을 주변에서 들으면 이 문장에 이미 자신이 알고 있는 두 단어가 포함돼 있으므로 '개 뛰다'를 모방하고, 모방할 때 청자로부터 칭찬을 들으면 그러한 강화 조건에 의해서, 그 후로는 개를 볼 때마다 '개'를 사용하고 '개'는 '뛰다'에 대한 '조건화된 자극^{conditioned stimulus}'이 된다는 것이다.

플라톤의 문제

1957년 스키너의 《언어행동론》이 출간되자마자 촘스키는 이 책에 대해 낱낱이 반격하기 시작했다. 1959년 촘스키가 〈스키너의 《언어행동론》 서평A Review of B. F. Skinner's Verbal Behavior〉을 《랭귀지Language》에 발표한 것은 행동주의에 정면으로 도전장을 내민 일이었다.

촘스키는 특히 '강화', '조건화', '유추' 등을 망라해 《언어행동론》에서 제기된 기본 개념들이 불명확하다며 신랄하게 비판했다. 촘스키는 조작적 조건 형성이나 언어행동론으로는 언어에 대한 원어민들의 지식이나 직관을 도저히 설명할 수 없을 것이라고 비판했다. 가령 '색깔 없는 녹색colorless green'이라는 표현에 대해 영어 원어민들은 의미적으로는 부적절하지만 통사 구조적으로는 옳다는 판단을 내릴 텐데, 이러한 언어 직관을 행동주의자들은 자극, 반응, 강화 등의 개념으로 어떻게 설명할 것인지에 대해 의문을 던진다. 과연 무엇이 강화되었으며, 원어민들은 어떤 자극을 어떻게 유추해 무엇이 조건화되었다는 것인지 분명하지 않다고 하면서, '강화'나 '유추' 같은 개념은 정의조차 되지 않아 무슨 의미인지 알 수 없다고 꼬집었다. 한층 더 나아가, 언어 행위를 설명하기 위해 외부적 조건들을 고려하는 것은 "과학적 근거가 없는 도그마dogma에 불과"할 뿐이라고 일축했다.

스키너와는 대조적으로 촘스키는 인간의 창의적 언어 능력과 인간 언어의 무한한 생산성productivity, 복잡성complexity을 역설했다. 인간은 과거에 한 번도 들어본 적도, 사용해본 적도 없는 "색깔 없는 녹색 사상이 분노에 떨며 잔다Colorless green ideas sleep furiously"와 같은 새로운 표현을 들어도 그 구조적, 의미적 적합성을 가늠할 수 있다. 촘스키에게는 인간의 이런 창의적 능력을 설명하는 것이 무엇보다도 중요한 논제였다. 더구나 인간은 그렇게 복잡다단하면서도 무한히 생산적인 언어 구조를, 그것도 학령기를 맞이하기 훨씬 전에 이미 습득한다고 하지 않는가? 환경에서 들리는 언어에 의존해 획득하기엔 상상할 수 없을 정도로 빨리 습득되는 인간의 언어를 과연 무엇으로 설명할 수 있을까?

촘스키가 보기에 분명 인간의 언어 습득 양상을 설명하기에는 인간의 환경과 경험은 충분하지 못했다. 촘스키는 이러한 '환경과 경험의 빈곤'을 '플라톤의 문제Plato's Problem'와 연관 지었다. '플라톤의 문제'는 플라톤Platon, BC 429?~347의 대화편 《메논Menon》에 논증되어 있다. 메논Menon에게는 노예 소년이 있었는데, 이 소년은 과거에 어떤 교육이나 훈련을 받지 않았는데도 소크라테스Socrates, BC 469~399와 대화하는 과정에서 피타고라스의 정리Pythagorean theorem를 깨닫는다. 소크라테스는 이 소년이 학습의 경험 없이 기하학적 명제를 알게 되는 과정을 보면서 메논에게 소년의 기하학적 깨달음은 지식의 '회상recollection'에 의한 것이라고 설명한다. 소크라테스와 메논의 대화를 잠시 보자.

|소크라테스| 메논, 어떻게 생각하나요? 이 소년은 자기의 의견이 아닌 다른 의견으로 대답한 적이 있나요?

|메논| 아니요. 늘 자기 의견으로 답변합니다.

|소크라테스| 소년은 기하학에 대해 사전에 아는 것이 하나도 없었지요?

|메논| 그렇습니다.

|소크라테스| 그렇다면 이런 기하학적 지식은 그 아이 내면의 어디엔가 이미 있었던 것이 아닐까요? 어디엔가 있다가 회상된 것이 아닐까요?

- -

▓▓ 촘스키의 인식론적 문제 제기

촘스키는 '플라톤의 문제'에 이어 '오웰의 문제', '데카르트의 문제'도 지적한 바 있다. '플라톤의 문제'가 '우리에게 주어진 자료가 아주 적은데도 어떻게 우리는 그렇게 많이 알 수 있는가'에 대한 것이라면, '오웰의 문제'는 '우리에게 주어진 자료가 많은데도 우리는 왜 이정도밖에 이해하지 못하는가'에 대한 것이다. 오웰이 소설 《1984년》(1949)에서 정보의 독점으로 사회를 통제하는 '빅브라더'를 경고한 것을 떠올린다면 이 문제는 곧 '우리는 그 많은 정보에도 불구하고 왜 그리 쉽게 조작되는가'라는 문제 제기다. '데카르트의 문제'는 '수많은 인간의 신비를 어떻게 설명할 수 있으며, 인식론의 경계 너머에는 무엇이 있는지 어떻게 결정할 수 있나'의 문제로, 그런 한계를 뛰어넘는 인간의 창조적 통찰에 관한 문제다.

- -

촘스키는 '경험의 빈곤' 문제를 '플라톤의 문제'로 풀이하면서 지식의 습득을 '내재화internalization'의 관점에서 설명을 시도한다. 일례로 인간에게는 언어의 보편적 특징인 어휘와 구 범주(예: 명사, 동사, 동사구 등), 기능 범주(예: 시제, 시제구 등) 등의 통사적 지식이 선험적으로 내재되어 있어 체계적인 가르침을 받지 않아도 본성적으로 언어 규칙을 내면화할 수 있다는 것이다. 스키너의 '백지장'과는 대조적으로, 촘스키에게 인간의 마음은 유전적으로, 생득적으로, 본성적으로 주어진 정보로 가득 찬 심장이나 위장과 같은 '기관organ'이다.

자극의 빈곤

스키너의 동시대 구조주의 언어학자였던 블룸필드는 스키너의 조건화와 강화 이론에 영향을 받아 인간의 언어 습득에 대해 경험적, 귀납적 설명을 강조했다. 블룸필드는 '아기baby'라는 단어를 예로 들면서, 인간이 '아기'라는 단어를 배우기 위해서는 이 단어가 들릴 때마다 실제 아기나 아기 모양의 인형과 같이 '아기'처럼 생긴 자극이 반드시 동반되어야 하며 또한 이 단어를 잘못 발화했을 때는 가족의 도움으로 수정을 받고, 옳게 발화했을 때는 칭찬(보상)을 받으면서 습득된 내용이 강화되어 '아기'는 '인형'이나 '아기'의 모습에 대해 조건화된다고 설명했다.

스키너와 블룸필드가 인간의 언어 습득을 경험주의적이고 귀납적으로 설명한 데 대해 촘스키는 반대 입장을 강력하게 표명했다. 촘스키의 관점에 따르면, 우리는 환경을 통해 경험하는 내용이 질적으로, 양적으로 제한되어 있는데도 불구하고 종종 경험하지 못한 내용에 대해 터득할 때가 있다. 즉 경험한 것보다 더 많은 것을 터득할 때가 있다. 과연 이것이 어떻게 가능한지의 문제, 곧 '플라톤의 문제'를 푸는 것이야말로 중요한 과제인 것이다. 예를 들면, 인간이 태어나 주변 환경에서 듣게 되는 언어 자료는 구조적으로 보면 잘못된 형태일 때가 종종 있지만, 그럼에도 만 4세경이면 누구나 예외 없이 모국어를 습득한다. 실제로 말을 할 때에도 실수로 적합하지 않은 단어를 사용하거나 발음을 잘못하거나 또는 도중에 여러 번 쉬고 단어나 구조를 변경하고 수정하는 일이 종종 있기 때문에 이상적으로 완벽한 문장으로 이어지지 않는 말을 듣는 경우가 많다. 즉 촘스키의 본성주의는 환경에서 접하게 되는 언어 '자극'이 질적으로 무척 '빈곤'하다는 점을 지적한다. 따라서 촘스키는 언어의 습득이 오직 환경만을 통한 자극과 반응, 또는 조건화와 강화 등의 과정을 통해 성취된다는 경험주의의 이론을 인정할 수 없는 것이다. 촘스키 학파의 '자극의 빈곤poverty of the stimulus' 논증은 대체로 다음 두 가지 실증 자료를 토대로 발전되었다.

첫째, 촘스키가 언어 자극의 빈곤을 문제 삼은 것은 로저 브라운Roger Brown과 카밀 핸런Camille Hanlon의 연구에서 비롯되었는데, 이 연구 결과에 의하면 아동은 의사소통이 불가능한 시기인 만 4세 이전에는 부모나 주변의 사람들로부터 언어의 규칙에 대한 가르침이나 오류에 대한 지침을 체계적이고 일관성 있게 받지 않는다. 설령 어떤 문법적 오류에 대해 수정 지침을 받는 일이 극히

드물게 일어난다 해도, 아동은 대부분 수정 내용에 대해 그리 민감하게 반응을 보이지 않기 때문에 주변 환경의 자극이 그리 효과적일 수 없다는 점을 강조했다. 가령, 아동의 언어 발달을 관찰하면, 다음의 예 1에서 볼 수 있듯이 어떤 때는 주변에서 듣는 말을 모방하는 듯 따라 하기도 하고, 때로는 2와 같이 올바른 표현을 외면한 채 자신의 말을 계속 반복하는 행동을 보이기도 한다.

1

|엄마| 아 무서.

|아이| 아 무서.

|엄마| 내 거야.

|아이| 내 거야.

|엄마| 준규 바보.

|아이| 바꿍.

|엄마| 준규 똑똑.

|아이| 또또. 마늘.

|엄마| 밤.

|아이| 밤.

2

|엄마| 또 줘?

|아이| 또 줘.

|엄마| 물 또 줘?

|아이| 또 물 줘.

|엄마| 물 또 줘?

|아이| 또 물 줘.

1의 대화에서 준규는 엄마의 말을 거의 그대로 따라 반복하고 있는 반면, 2에서는 "물 또 줘"라고 수정한 엄마의 말을 따르지 않고 계속 자신의 표현인 "또 물 줘"를 되풀이하고 있다. 몇 번 반복해도 아이는 계속 "또 물 줘"와 같은 잘못된 형태로 대답했다. 1의 대화를 보면 언어 습득이 가령 엄마의 말이나 가르침 같은 경험이나 환경의 조건에 의해 결정되는 것처럼 보이는데, 한편 2의 아동을 보면 언어 습득에 있어 경험의 역할이 그리 크지 않고 오히려 아동 자신의 내적 잠재력이 더 큰 역할을 하는 듯한 느낌을 갖게 될 것이다. 브라운과 핸런은 바로 2와 같은 현상을 관찰했으며, 촘스키는 2와 같은 환경은 경험적으로 '빈곤'하다는 것을 반영한다고 생각한 것이다. 이와 같이 주변 사람들의 가르침이 체계적이지도 않지만, 간헐적으로 오류가 거듭 수정된다 하더라도 만 4세 이전의 아동은 그와 같은 문법적 지침에 대해 둔감하다는 연구 결과는 촘스키에게 '플라톤의 문제'가 대두될 수밖에 없는 중요한 단서가 된 것이다.

촘스키가 환경에서 발견되는 자극이 풍요롭지 못하다고 전제하는 두 번째 이유는 언어의 구조적 의존성^{dependency}에 있다. 구조적 의존성은 명사구$^{noun\ phrase,\ NP}$, 동사구$^{verb\ phrase,\ VP}$처럼 순환^{recursive} 범주의 구조적 조건을 의미한다. 예를 들면, 다음 3의 문장$^{sentence,\ S}$을 보면, 문장 전체를 가리키는 S1 안에 또 하나의 문장 S2가 있고, 명사구 NP1 안에 또 하나의 명사구인 NP2가 쓰인 것을 볼 수 있다. 문장 **3**을 도형화하면 **3´**과 같은데, 이로부터 우리는 NP, VP, S 등의 순환 범주가 겹겹이 있음을 볼 수 있다(이 책에서는 문장의 통사적 구조를 나타내기 위해 **3**과 같은 괄호 쓰기^bracketing 형태와 **3´**과 같은 나무 그림^tree diagram 형태를 사용했다. 독자의 이해를 돕기 위해 언어학에서 전문적으로 쓰는 형태보다는 단순화시킨 형태로 사용했음을 밝힌다).

3

[S1 [NP1 [NP2 The man NP2] [S2 [NP3 who] [VP1 [AUX1 *is*] running VP1] S2] NP1] [VP2 [AUX2 **IS**] **COMING** VP2] S1].

3´

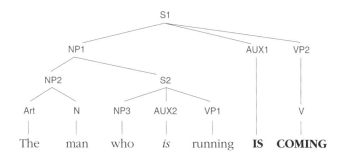

구조적 의존성은 영어의 Yes-No 의문문을 형성하는 과정에서 관찰될 수 있는데, 가령 'You can come', 'Tom is happy' 등과 같은 평서문에 쓰인 주어 다음의 be동사 또는 조동사^auxiliary, AUX(will, could, do 등)를 문장의 앞으로 옮기면 'Can you come?', 'Is Tom happy?'와 같은 구조가 된다. 만약, NP, VP,

S와 같은 순환 범주보다, 오히려 왼쪽에서 오른쪽으로 나열된 표층 구조의 어순만을 토대로 해 첫 번째 쓰인 be동사(AUX2에 있는 이탤릭 글자 is)를 문두로 옮겨 의문문을 만든다면, 다음 **4**와 같은 비문법적인 의문문이 나온다.

4

Is [NP1 the man [who running] NP1] **IS COMING**?

하지만 NP, VP, S 등 순환 범주 구조에 의거해 의문문을 만들면, 주절의 주어(NP1) 다음에 쓰인 조동사(**IS**)를 문두로 옮기게 되므로 **5**와 같이 문법적으로 올바른 의문문이 나올 수 있다.

5

IS [NP1 [NP2 the man NP2] who *is* running NP1] **COMING**?

그렇다면 영어 원어민 아동은 의문문을 어떻게 습득하는 것일까? 표면적으로 느낄 수 있는 단어의 순서를 기초로 해 습득할까? 아니면, **3´**의 구조처럼 NP, VP, S 등의 순환 범주가 위계적으로 구성되어 있는 추상적인 구조적 관계에 더 민감할까? 만약 영어를 습득하는 아동이 어순과 같은 표층 구조에 더 민감한 반응을 보인다면 실제로 습득 과정 중에 **4**와 같은 오류를 범하는 단계를 거칠 것이라고 예상할 수 있다. 하지만 여러 실증 자료들을 보면 아이들이 말을 배우는 과정에서 **4**와 같은 실수는 발견되지 않는다고 한다. 그렇다면 아동은 어순에 민감하지 않고, 또한 주변의 수정 또는 보상을 받지도 않는 상태에서 어떻게 **3′**과 같은 추상적인 구조적 관계를 습득할 수 있을까? 촘스키는 순환 범주들 간의 통사적 관계는 '생득적' 언어 지식임이 분명하며 '플라톤의 문제'는 통사적 선험 지식으로 풀어야 한다고 제안한다.

선험 지식과 내적 언어

촘스키의 선험론은 바로 '플라톤의 문제'를 해결하기 위한 시도로 발전된 이론이다. 앞에서는 소크라테스와 메논의 대화를 이용해 '플라톤의 문제'를 소개했는데, 여기에서는 촘스키의 예를 들어보자. 촘스키에 따르면, 영어 원어민들은 "색깔 없는 녹색 사상이 분노에 떨며 잔다Colorless green ideas sleep furiously●"와 같이 과거에 한 번도 들어보지 못했던 문장을 접해도 이 문장의 문법성이나 적합성을 판단할 수 있는 창의적인 능력이 있다. 촘스키는 이 능력이 어떻게 획득되었는지에 대한 문제가 매우 중요한데 스키너-블룸필드식 이론으로는 이 문제를 설명할 수 없다고 주장한다. '색깔 없는 녹색colorless green', '사상이 잠자다ideas sleep', '분노에 떨며 잔다sleep furiously' 등의 표현은 실제로 의미적으로는 매우 어색하거나 또는 부적합한 표현이지만, 문장 구조적으로는 모두 올바르다. 즉 형용사('colorless green')는 명사('ideas') 앞에, 주어('colorless green ideas')는 동사('sleep')의 왼쪽에 옳게 쓰였고, 또한 주어의 수(복수명사 'ideas')와 동사('sleep')가 일치했고, 부사('furiously')는 동사의 오른쪽에 쓰여 구조적으로 적합한 배열을 이루고 있다. 촘스키는 원어민들이라면 아동이나 성인 모두 과거에 한 번도 들어보지 못했던 새로운 문장의 적합성을 의미적으로, 통사적으로 판단할 수 있는데, 이와 같은 사실은 우리 마음에 내적 언어I-language가 있다는 것을 시사하는 것으로 내적 언어는 세계의 여러 언어에서 보편적으로 발견되는 문법이라고 주장한다. 내적 언어가 보편성을 띤다는 것은 우리의 언어 지식은 스키너-블룸필드식의 경험주의적, 귀납적 논리로는 설명이 불가능하다는 것을 의미한다.

촘스키는 원어민들의 마음에 내적 지식이 있으며, 내적 지식이 어떻게 발현되는지 조사하기 위해서는 이 원어민들의 타고난 지식, 유전적으로 결정된 변화, 그리고 경험에 의거한 변화 등을 분석하는 것이 중요하다고 제안했다. 촘스키가 의미하는 내적 언어 또는 내적 지식은 무엇일까?

내적 언어, 즉 I-language에서 'I'는 'internal', 'individual', 'intensional' 등 세 가지 의미를 복합적으로 담고 있다. 예를 들어, 영희의 내적 언어는 영희 '개인individual'의 '내적internal' 마음 또

▨▨▨ 색깔 없는 녹색 사상이 분노에 떨며 잔다
현대 언어학의 중요한 전기를 마련한 저서로 평가받는 촘스키의 《통사구조론(Syntactic Structures)》(1957)에서 문법상으로는 맞으나 의미상으로는 무의미한 예로서 제시된 문장이다. 촘스키는 어느 누구든 한 번이라도 말하지 않은 문장을 제시하기 위해 이 문장을 의도적으로 '만들었다'. 여기서 'green'은 명사가 아니라 '녹색을 띤'이라는 의미의 형용사로 제시되었다.

는 영희의 두뇌에 '내재적으로 표상되어 있는intensional' 언어 구조다. 내적 언어는 이 세상의 사물과 직결되는 의미 관계와는 독립적인 통사 구조적 지식만을 내포한다. 또한 각 개개인의 마음 또는 두뇌에 존재하는 내재적 구조는 보편성universality을 띠기 때문에 언어 사용자들이 공유하는 지식 체계이다. 예를 들면 "양 그려줘 Draw me a sheep"라고 말했던 어린 왕자의 내적 언어에는 '양'에 관한 어휘 정보가 다음과 같은 표상으로 담겨 있을 것이다.

양 : 〔명사, 목적격, 단수〕

즉, '양'은 '단수'의 '명사'이고 또한 동사 '그려줘'의 '목적어'이므로 어린 왕자뿐만 아니라 어린 왕자의 말을 듣고 처리하는 우리의 내재 구조에도 이와 같은 어휘 정보를 누구나 공유하고 있을 것이라는 것이다. 그런데 '명사', '수', '목적격' 같은 내재 구조는 감각적으로 경험할 수 없는 추상적인 자질이다. 즉 이런 자질은 들을 수도 만질 수도 볼 수도 없는 특징이므로 어떤 경험적 자극으로도 습득될 수 없을 것이다. 자극이 없으면 강화될 보상도, 조건화될 요소도 없을 것이다.

촘스키 선험주의와 관련된 논제들

이렇듯 촘스키는 1959년에 스키너의 《언어행동론》의 서평을 통해 행동주의에 반격을 가하면서 인간의 언어 행위에 대한 새로운 시각을 제시해 과학적 탐구에 참신한 방법을 제안했다. 스키너는 보이지 않는 체계에 대한 촘스키의 연구는 선험적이며 내재적이기 때문에, 관찰 가능하면서 통제도 가능한 변항들을 이용하는 자신의 연구만큼 과학적이지는 않다고 논평했다. 그러나 촘스키는 스키너의 연구 방법이 마치 범죄자들에게 공권력을 남용하고 징벌로 위협하는 일부 경찰들의 방법과 다를 것이 없다면서, 행동주의 방법으로는 이 세상의 어떤 문제도 해결할 수 없다고 역설했다.

한편 촘스키의 선험주의가 1960년대 이후 꾸준히 학계의 관심을 받게 되면서 언어학자와 인지·발달·생리심리학자들을 비롯해 철학, 생명과학, 신경과학 등 인지과학자들은 여러 질문을 하기 시작했다. 이 질문들은 다음과 같이 네 가지로 요약할 수 있다.

촘스키의 선험주의에 대한 질문들

① **경험의 역할**

통사 지식이 선험적으로 주어진다면, 선험 지식은 아동이 실제로 겪는 경험과 상호 작용을 할까? 만약 그렇다면 선험 지식의 촉발에 경험은 어떤 역할을 하는가?

② **선험적 언어 지식의 정체**

마음이 백지장이 아니고 마치 신체의 장기처럼 무엇으로 가득 차 있다면, 마음을 채운 언어 지식은 오직 통사 문법으로만 구성되어 있을까?

③ **선험적 언어 지식의 유전학적 근거**

인간의 언어가 유전학적으로 결정된다는 것은 무슨 의미일까?

④ **인간 언어의 진화**

인간 언어의 기원과 진화는 다윈(Charles Darwin, 1809~1882)의 진화론으로 풀 수 있을까?

본성 대 양육의 문제는 아직도 미해결의 숙제로 남아 있다. 스키너식의 행동주의에 입각한 설명을 시도하려는 학자는 더 이상 존재하지 않는다. 그러나 스키너와는 다른 의미이지만 여전히 환경, 경험, 학습의 중요성을 주장하면서 촘스키의 선험주의에 정면 도전하는 학자는 헤아릴 수 없을 만큼 많다(이 문제는 곧 다시 거론하기로 한다).

촘스키의 선험주의에 대한 이 네 가지 질문은 1980년대 이래 현재까지 촘스키 외에도 여러 학자들의 관심을 끌어왔다. 이제부터 이 네 가지 논제를 순서대로 하나씩 생각해보자. 그럼 먼저 '경험'의 문제를 스키너와 다른 시각에서 조명하면서 촘스키의 입장과는 어떻게 다른지 살펴보자.

환경 바이러스?

인간은 주변의 자연환경에 매우 민감하게 반응한다. 오늘은 우산을 가지고 나가야 할지, 어떤 옷차림을 해야 감기에 걸리지 않을지, 또는 가뭄이나 홍수에 대한 걱정 등은 사시사철 예외 없이 우리 삶의 큰 부분을 차지한다. 자연은 우리를 편안하게 해주기도 하고 종종 우리를 울리기도 한다. 장미 일곱 송이만으로 잠시 낭만을 만끽할 수 있고, 초봄의 햇살에 막 기지개를 펴는 개나리와 벚꽃 봉오리들 속에서 추웠던 겨울을 한순간에 잊을 수 있고, 더운 여름에는 시원한 그늘이 되어주는 큰 나무 밑에서 오수의 한때를 즐길 수도 있다. 그러나 2005년에 있었던 두 번의 자연재해는 전 세계를 불안과 공포의 소용돌이로 몰아넣기도 했다. 인도양 지진 해일(쓰나미)은 지층과 지구의 형상을 바꿔놓았고, 9미터 높이의 폭풍 해일은 미국 미시시피 주와 뉴올리언스 주민 수천 명의 목숨을 앗아 갔을 뿐만 아니라, 주민 모두가 아예 다른 주로 피난을 가야 했다. 2003년의 대구 지하철 사고는 무모한 한 시민의 방화가 원인이었지만, 사고로 인해 발생한 칠흑 같은 어둠과 독가스나 다름없는 연기 속의 아비규환을 가까스로 이겨낸 생존자들은 연기와 충격으로 인한 두뇌의 신경 구조적인 손상과 '외상후 스트레스 장애Post-Traumatic Stress Disorder, PTSD'로 인해 아직도 정신과 치료를 받고 있다. 마치 자연재해에서 환경 바이러스 같은 것이 촉발되어 그 바이러스가 두뇌 세포로 퍼지면서 기억 감퇴 또는 우울증을 유발한 것처럼.

최근의 사태를 보면, 자연환경의 영향은 단순히 피상적인 정도에 그치는 것이 아니라, 두뇌 기능의 마비, 그리고 단숨에 수천 명의 죽음을 가져올 수 있는 사악한 힘으로까지 느껴진다. 이는 마치 토머스 하디Thomas Hardy, 1840~1928의 소설《귀향The Return of the Native》(1878)에서 작품의 배경인 황야의 혹독함이 인간을 지배한 결과 자연의 손아귀로부터 벗어나지 못해 죽어가는 주인공을 떠올리게 한다. 하디는 결정론determinism 또는 운명론fatalism을 믿은 소설가로서, 그의 소설에는《귀향》의 유스티셔 바이Eustacia Vye처럼 반항하다 자연의 포악한 내성을 견디지 못해 죽음을 맞이하는 등장인물들이 많다.

반면 인간과 자연을 혼연일체로 묘사했던 시인 윌리엄 워즈워스William Wordsworth, 1770~1850는 하디와는 대조적으로 다른 시각에서 자연을 관망했다. 1798년에 발표한《서정 민요, 그리고 몇 편의 다른 시Lyrical Ballads, with a Few Other Poems》서문에서 워즈워스는 인간의 감정은 본질적으로 미개한 전원의 흙 속에서 가장 잘 성숙된다고 말하면서, 자연은 그에게 스승이자 안락이요, 영감이라고 말한다. 워즈워스는 그 시집의 맨 마지막 작품인 〈틴턴 수도원Lines composed a few miles above Tintern Abbey on revisiting the banks of the Wye during a tour, July 13, 1798〉에서 자연은 "석양의 빛이며 둥근 바다요, 생생한 공기이고, 푸른 하늘이며, 또한 사고하는 주체와 대상을 추진하고 모든 사물 사이로 흐르는 운동과 정신"이라고 읊었다.

워즈워스의 시는 다윈이 자주 읽었으며, 하디는 다윈의 결정론에 지대한 영향을 받았다. 자연환경에 대한 태도는 많이 다르지만, 두 문인의 작품은 자연과 인간의 관계를 생각하게 한다.

자연환경과 인간의 관계는 서로 다른 두 관점으로 탐색할 수 있다. 첫째, 스키너-블룸필드식 '빈 서판' 경험주의 이론이다. 경험론자들이 옳다면, 인간은 근본적으로 수동적인 존재로서 환경적 요인에 의해 운명적으로 결정될 것이다. 둘째로, 맷 리들리Matt Ridley, 1958~와 핑커의 견해를 들 수 있다. 리들리와 핑커의 시각에서 볼 때, 인간은 지식을 사용하고 서로 협력할 줄 아는 능동적인 주체로, 새로 발견된 것은 축적하고 서로 간의 차이점을 초월해 각자의 역할을 통합함으로써 과거부터 내려오는 관습을 제도화한다. 리들리와 핑커에게 자연환경은 인간의 마음을 운명적으로 결정해 채우는 원동력이 아니라, 선천적으로 마음에 채워져 있는 본성이 발현되는 데 필요한 '매개체nature via nurture'일 뿐이다. 이제 영장류와 인간의 모방 능력을 통해 두 가지 상반된 입장인 '빈 서판'과 '찬 서판'의 문제를 재조명하고, 또한 사회심리학자와 신경과학자의 자료를 이용해 환경과 문화가 인간의 인지 발달에 어떤 영향을 미치는지 검토해보겠다.

로봇과 침팬지의 모방능력

인간은 모방의 귀재다. 가족뿐만 아니라 타인들끼리도 서로 많은 시간을 같은 공간에서 보내고 나면 행동 양상이 매우 흡사해지는 것을 쉽게 발견할 수 있나. 예를 들면 많은 시간을 같이 보낸 지도교수와 학생, 연인, 동급생들을 보면 말씨, 표정, 몸짓 등이 비슷한 경우가 있다. 특히 아기가 태어나 만 1세 정도가 되면 주변에서 들리는 아빠, 엄마의 말을 따라 하거나 자신이 속한 문화적 관습에 익숙해지면서 단어 수가 늘고 말이 길어지는 것을 볼 수 있다. 이를 보면 모국어의 습득은 인간의 모방 능력에 의해 결정되는 것 같은 느낌이 들 수 있다. 인공지능을 연구하는 로드니 브룩스[Rodney A. Brooks, 1954~]는 컴퓨터공학에서 흔히 사용하는 기법을 이용해 실제로 모방할 수 있는 로봇을 만들고 싶어 했다. 그런데 과연 로봇이 사람이 하는 행동을 따라 할 수 있을까? 브룩스와 함께 로봇이 모방을 할 수 있을지, 만약 가능하다면 어떻게 모방할 수 있을지에 대해 잠시 생각해보기로 하자.

여기에 로봇이 있다. 이 로봇은 어떤 사람을 관찰하고 있다가 이 사람의 행동이 그치면 그대로 모방해야 한다. 이제 그 사람이 움직이기 시작한다. 사람은 로봇에게 다가가더니 로봇 옆에 놓인 테이블 위에 유리병을 놓는다. 그러고는 두 손을 맞대고 비빈 다음, 유리병 마개를 가져간다. 한 손에는 유리병을, 다른 손에는 병마개를 잡고 시계 방향 반대로 돌린다. 병마개를 돌리다가 잠시 멈추더니 이마를 닦는다. 그다음 로봇이 뭘 하고 있는지 힐끗 쳐다본다. 이 사람은 다시 병마개를 돌리기 시작하다 멈춘다.

이제 로봇이 이 사람의 행동을 모방할 차례다.

만약 우리가 로봇이라면 사람의 행동을 어떻게 모방할까? 위에 묘사된 행동들을 모방해야 한다면 어떤 행동을 어떻게 모방할까? 모든 행동을 동일한 순서대로 모방할까, 아니면 '이마를 닦는' 행동과 같이 중요해 보이지 않는 행동은 생략할까? 그런데

❖아무리 완벽한 모방이라도 행위의 목적이나 동기를 전혀 이해하지 못한 상태에서 이룬 것이라면, 그런 모방은 창의적 행동의 원동력이 될 수 없을 것이다.

어떤 행동이 중요한지 아닌지 어떻게 결정할 수 있을까? 이런 의문에 대한 실마리는 행위자의 '의도'가 무엇인지 알아야만 풀릴 것이다. 행위자의 의도에 따라 어떤 행동은 중요한 행위일 수도 있고 그렇지 않은 것으로 판명될 수 있다. 예를 들면, 병마개는 시계 방향과 반대로 돌려야만 열리게 돼 있다면 반드시 행위자의 행동 그대로 모방되어야 하겠지만, 이마를 닦는 행동은 그리 중요하지 않을 수 있다.

그런데 현재까지 알려진 로봇 중에는 상대방의 의도를 파악할 수 있는 로봇이 없다. 로봇은 프로그램에 적힌 대로 위의 행동을 한 치의 오류 없이 모방할 수 있지만, 이 사람이 왜 병마개를 시계와 반대 방향으로 돌리는지, 돌리다가 왜 잠시 멈추어 이마를 닦고 로봇을 힐끗 쳐다보는지 등 행위의 목적이나 동기, 바람 등을 포함한 행위자의 의도에 대해서는 아는 것이 없으므로 행동의 중요성을 추론할 수 없다. 아무리 완벽한 모방이라도 행위의 목적이나 동기를 전혀 이해하지 못한 상태에서 이룬 것이라면, 그런 모방은 창의적 행동의 원동력이 될 수 없을 것이다.

모방은 원숭이도, 침팬지도 모두 잘한다. 하지만 원숭이나 침팬지 역시 로봇처럼 다른 사람의 마음을 읽을 능력이 없다. 심리학자인 로라앤 페티토Laura-Ann Petitto는 님 침스키Nim Chimpsky, 1973~2000●라는 이름으로 널리 알려져 있는 침팬지와 대학 관저에서 같이 살면서 1년간 수화를 훈련시킨 적이 있다. 페티토는 처음에는 침스키가 자신의 행동을 모방하고 있다고 생각했었다. 그러나 시간이 지나면서 침팬지의 모방은 오직 피상적인 수준에 불과한 것임을 깨달았다고 한다. 예를 들면, 페티토가 스폰지를 이용해

설거지를 하면 침스키도 스폰지를 이용해 설거지를 따라 했는
데, 침스키가 설거지를 하고 난 후에 그릇은 전혀 깨끗한 상태가
아니었다는 것이다. 설거지 행위는 '그릇을 깨끗하게' 하기 위한
의도에서 비롯된 것인데, 침팬지는 이 의도와 설거지의 개념을
간파하지 못했으며, 단순히 손가락 위에 흘러가는 따뜻한 물의
감각을 즐기면서 비비는 행위만 모방한 것에 지나지 않았던 것
이다. 모방을 중개하는 일은 거울 신경세포$^{mirror\ neuron}$의 역할인데,
현재까지 보고된 신경과학자들에 의하면 거울 신경세포는 인간
에게만 있는 것으로 유인원에게도 있는지는 아직 확실한 증거가
부족하다. 또한 거울 신경세포는 상대방의 행동을 인식하고 이
해하는 것을 가능하게 한다고 하는데, 침스키의 행동은 설거지
라는 행동의 의미를 충분히 반영하지 못한 것으로 보아 침팬지
에게 모방 능력이 있다는 것은 아직 신경과학적 근거가 미미하

🐵 님 침스키

님 침스키는 로라앤 페티토의 동료인 컬럼비아 대학 허버트 테러스(Herbert S. Terrace) 교수
팀이 실시한 동물의 언어 습득 연구의 대상이 된 침팬지였다. '님 침스키'라는 이름은 '노엄
촘스키'를 재미있게 변형시킨 것이다. 침스키는 미국의 표준 수화(ASL) 중 125가지를 배웠
지만, 테러스에 의하면 침스키의 수화는 '언어' 수준으로는 볼 수 없고 수화 동작의 모방에
가깝다. 심지어 페티토는 침스키가 배운 수화도 125가지에 훨씬 못 미치는 25가지로 봐
야 한다고 했고, 침스키를 방문한 제인 구달(Jane Goodall, 1934~)은 침스키의 일부 동작이
야생의 침팬지들이 흔히 쓰는 제스처라고 말하기까지 했다. 하지만 침팬지의 언어적 잠재력
을 높이 평가하는 일부에서는 테러스 팀이 실시한 행동주의적 조건화 실험에 방법론적인 문
제를 제기하기도 해 논란의 여지를 남겼다.

다고 할 수 있겠다.

　인간은 로봇이나 침팬지와는 대조적으로 타인의 마음을 읽을 줄 안다. 실험 결과, 인간은 만 1세 반 정도의 유아기 때 이미 타인의 의도에 민감한 반응을 보인다는 것이 입증되었다. 아이들은 '그거 토마야'라는 말을 들으면, 방금 들은 그 말이 자기가 갖고 있는 물건이 아니라 화자가 쳐다보고 있는 물건과 관계되는 말이라는 것을 안다고 한다. 또한 상대 화자가 실수로 물건을 놓쳐서 '앗!' 하고 소리를 지르면, 아이들은 '앗' 소리를 모방을 하지 않아도, 상대방이 고의로 물건을 떨어뜨리면서 '앗' 하면 이때는 모방을 한다는 것이다. 즉 인간의 모방은 로봇이나 침팬지의 모방과는 질적으로 다르며, 타인의 의도를 파악하는 마음 읽기 능력의 정도에 따라 결정되는 '선택적 행위'이다. 마음 읽기 능력은 직관이다. 인간은 모방하기 전 단계에서 이미 타인의 의도를 간파한다. 인간의 마음 읽기 능력은 환경을 모방함으로써 형성되는 것이 아니라, 환경에서 당면하여 여러 번 반복되는 경험을 통해 구체화된다. 즉 타인의 의도, 믿음, 희망 등에 대해 직관적으로 민감한 반응을 보임으로써 설거지를 하거나 병마개를 시계 반대 방향으로 돌리는 것과 같은 행동이 뜻하는 개념의 일반적인 특징인 심성 표상^{mental representation}을 충분히 간파해 원만한 의사소통이 개진될 수 있는 것이다. 환경의 혜택이 있어도 마음 읽기와 같은 직관적 능력이 주어지지 않았으면, 인간은 로봇이나 침팬지와 크게 다를 것 없는 영장류로 남아 있을 것이다.

　최근 네덜란드의 영장류학자 프란스 더발^{Frans de Waal, 1948~}은 침팬지가 상대방이 자신에게 무엇을 시키고 싶어 하는가에 매우 민감하다고 말하면서 이러한 민감성은 '손잡고 털 고르기' 하는 행태에서 발견된다고 보고한 바 있다. 더발은 침팬지의 털 고르기를 '문화적'인 전파로 결론 내렸지만, 상대방에 대한 침팬지의 민감성은 인간의 마음 읽기 능력과는 비교할

네덜란드의 영장류학자 프란스 더발

수 없을 정도로 제한적이라고 할 수 있다. 우선 손잡고 털 고르기는 모든 침팬지 군집이 하는 행위가 아니다. 침팬지의 천국으로 알려져 있는 탄자니아 마할레Mahale의 침팬지들에게는 이런 행태가 빈번히 관찰되었지만, 마할레에서 탕가니카Tanganyika 호숫가를 따라 북쪽으로 조금 이동하면 닿게 되는 곰베Gombe에 있는 침팬지들은 이런 행동을 전혀 보이지 않았다. 또한 상대방에 대한 민감성은 손잡고 털 고르기와 같은 행태에서 제한적으로 발견되지만, 인간의 마음 읽기 능력은 인간의 인지 활동의 전반에 걸쳐 영향을 준다. 예를 들어, 인간의 대화는 청자와 화자 간의 마음 읽기 능력이 발달되지 않은 상태에서는 원만하게 진행되지 않는다. 의사소통은 본질적으로 화자와 청자가 서로 어떤 믿음, 욕구, 희망, 또는 기대를 갖고 있느냐에 따라 답변과 질문의 형식과 내용이 결정되기 때문이다.

 마음 읽기를 하지 못하는 자폐 장애 환자들은 상대방의 말을 글자 그대로 모방echolalia할 뿐 자발적인 언행은 하지 못한다. 예를 들면, '어디에 가고 싶어요?' 라는 질문을 받은 자폐 장애 환자는 이 질문을 그대로 흉내를 낼 수는 있으면서도 막상 자발적

인 답변은 하지 못한다. 또 상대방 화자가 컵에 물을 따르다가 컵을 떨어뜨려 '아이고, 저런!'이라고 말하면 자폐 장애 환자는 그 순간부터 컵만 보면 '아이고, 저런!'이라고 반응을 한다고 한다. 상대방의 마음 읽기가 가능하다면, 상대방이 왜 어디에 가고 싶으냐는 질문을 하는지, 왜 어떤 사물에 대해 어떤 때는 '컵'이라고 하다가 어떤 때는 똑같은 사물에 대해 '아이고, 저런!'이라고 반응하는지 이해할 수 있을 것이다. 마음 읽기가 가능하다면, 이와 같이 피상적으로는 다른 형태로 된 표현이지만 이 표현의 저변에 있는, 지하수같이 암묵적으로 인간의 마음에 존재하는 개념, 즉 심성적 표상을 습득할 수 있을 것이다.

빈 서판과 찬 서판의 대비는 환경과 마음의 관계에 대한 서로 다른 견해이지만, 어떤 입장을 선택하든지 환경과 마음 각각의 역할에 대한 논의가 모두 담겨 있다. 최근 학계에는 환경 또는 문화적 특징이 인간의 시각 능력과 두뇌 발달에 질적인 변화를 줄 수 있다는 가능성을 시사하는 연구가 보고되었다. 이에 대해 잠시 살펴보기로 하자.

동양과
서양의
지각 차이

2005년에 미시간 대학 사회심리학 교수인 리처드 니스벳Richard E. Nisbett 공동 연구진은 서양인과 동양인의 지각의 차이에 대한 연구 결과를 미국 국립과학 아카데미National Academy of Sciences, NAS에 발표했다. 이 연구는 동서양의 서로 다른 삶의 방식이 지각 구조에 영향을 미쳐, 결과적으로 사물을 보는 방식에 차이를 초래할 수 있다는 것을 암시한다. 니스벳 연구진은 미국인 백인 학생 25명과 중국인 학생 27명에게 호랑이가 정글을 어슬렁거리며 다니는 그림과 여러 다른 그림을 보여주고 피험자의 눈 움직임을 관찰했다. 실험 결과, 미국 학생은 호랑이처럼 두드러진 사물에 빨리 반응하고 오랫동안 응시한 반면, 중국 학생은 그림의 배경을 더 오래 응시했다. 니스벳은 2001년에도 일본인과 미국인을 상대로 한 실험에서 동양인과 서양인의 지각 방법의 차이에 대해 비슷한 결과를 보고한 바 있다. 물속에 송어가 있는 풍경 사진을 제시했더니, 미국인은 송어 세 마리에 관심을 집중한 반면, 일본인은 물의 흐름, 파란빛의 물, 바닥에 있는 바위 등에 대해 더 관심을 보였다는 것이다.

니스벳 연구진의 보고는 우리의 지각 체계가 자연환경적 요인이나 문화적 요인에 의해 영향을 받을 수 있다는 점을 긍정적으로 시사한다. 문화적 요인의 긍정적 효과는 지각 체계의 문화 특정적culture-specific 형성에 대한 니스벳 연구진의 결과에서뿐 아니라, 최근 신경과학자들의 관심사로 부상된 두뇌 기능의 분화인 지엽적 특수화localization에서도 찾아볼 수 있다.

두뇌의 지엽적 특수화

최근 연구 결과에 따르면, 두뇌의 언어 활성화 영역은 언어 습득의 시기와 환경에 따라 다르게 나타난다. 즉 모국어와 외국어를 몇 살에 배우기 시작했으며, 언어 습득 시기에 어떤 언어에 가장 빈번히 노출되었는

지에 따라 언어를 관장하는 두뇌 부위의 기능이 다르게 활성화
된다는 것이다. 예를 들면, 남기춘의 연구에 따르면, 어릴 때부
터 영어권 국가에서 자란 한국인은 영어를 할 때 아래 그림의 위
쪽에서 볼 수 있듯이 주로 좌뇌의 브로카Broca 영역이 활성화된
반면, 한국에서 성장하면서 뒤늦게 영어를 배우기 시작한 사람
이 영어를 할 때는 그림 아래쪽에서 볼 수 있듯이, 좌뇌와 우뇌
의 여러 영역이 활성화된다.

이 연구 결과에 따르면, 조기에 습득하는 외국어는 모국어가
발화되고 이해될 때 활성화되는 두뇌의 영역에서 주로 처리된다
는 것을 알 수 있다. 이와 같이 두뇌 활성화의 양상이 언어에 노
출된 나이와 환경적 요인에 의해 다르게 나타날 수 있다는 것은
환경이 두뇌의 분화에 영향을 줄 수 있다는 것을 시사한다.

니스벳이나 남기춘 등의 사회심리학적, 신경과학적 연구에도
문제는 있다. 구체적으로 문화의 어떤 요인들이 어떤 과정을 거

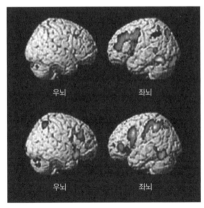

❖어릴 때부터 영어권 나라에서 영어를 배
운 한국인의 뇌(위)와 한국에서 뒤늦게
영어를 배운 한국인의 뇌(아래)

처 궁극적으로 지각 체계를 문화 고유의 특징으로 변화시키는지에 대해서는 상세한 설명이 이루어지지 못하고 있다는 점이다. 환경의 영향에 대한 보다 구체적인 제안은 촘스키학파 문법에서 제기된 매개 변항 고정 모델parameter fixing model에서 찾아볼 수 있다. 다음 장에서는 환경과 본성이 언어 습득을 어떻게 가능하게 하는지에 대한 촘스키의 제안에 대해 알아보자.

촘스키 vs. 피아제

언어의 보편성과 생득설

바벨탑

"온 세상이 한 가지 말을 쓰고 있었다. 물론 낱말도
같았다."

〈창세기〉 11장

《구약성경》〈창세기〉에 따르면, 이렇게 한 가지 말을 쓰던 인
간에게 여러 말이 생겨나게 한 존재는 바로 야훼다. 바벨^{Babel} 사
람들이 꼭대기가 하늘에 닿게끔 탑을 쌓으려고 시도하자, 야훼
는 인간의 교만함을 다스리기 위해 온 세상의 말을 뒤섞어놓는
다. 그 결과, 바벨 사람들은 도처에 흩어지게 되어 서로 다른 말
을 사용하게 되었다는 이야기다.

〈창세기〉의 내용대로라면, 우리는 바벨 사람들인 셈이다. 오늘
날 이 세상에는 여러 가지 언어가 다양하게 사용되고 있으니 말
이다. 실제로 한 언어를 사용하는 민족 내에도 여러 방언이 사용

된다. 우리나라 서울 정도의 크기에 불과한 싱가포르에서는 말레이어, 타밀어, 영어, 중국어 등 무려 4개의 언어가 통용되고 있다. 면적이 작은 편인 우리나라에도 각 지방마다 방언이 있으며, 제주도 방언은 제주 태생 주민 외에는 거의 알아들을 수도 없다. 그런데 바벨탑 이야기가 없었더라도 인간 세상은 어차피 다양한 언어 형태가 생성될 수밖에 없었을 것 같다. 데카르트나 촘스키가 이미 역설했지만, 인간의 언어에는 본질적으로 인간 고유의 창의적 능력이 듬뿍 담겨 있다. 예를 들면, 데카르트는 인간의 언어는 까치나 앵무새가 흉내 내는 언어와는 비교할 수 없을 정도로 창의적이라면서 다음과 같이 말했다.

> 까치와 앵무새도 마치 인간처럼 단어를 발화할 수 있다. 그러나 인간처럼 스스로 말하는 내용을 이해하고 있음을 보여주기 위해 발화하는 능력은 없다. 한편, 시각 장애인과 청각 장애인의 경우, 짐승처럼 또는 짐승보다 더 심각한 정도로 발성에 필요한 장기가 부족한 데도 불구하고 자신을 상대방에게 이해시키기 위해 새로운 상징을 창안하는 노력을 하는 것이 습관화되어 있을 만큼 창의성이 뛰어나다. 데카르트, 《방법서설Le Discours de la méthode》(1637)

화가 김점선의 《바보들은 이렇게 묻는다》(2005)에 실린 그림을 보면, '나는 매일 물을 마신다'의 의미가 다음 **1**에 나열되어 있는 10개의 서로 다른 문장 형태로 표현되어 있는데, 이런 구조적 다양성은 바로 인간의 창의적 언어 능력을 반영한다고 하겠다.

1

① 나는 나에게 매일 물을 준다.

② 나는 나 자신에 매일 물을 붓는다.

③ 나는 내게 매일 물 먹인다.

④ 나는 나를 매일 물속에 담근다.

⑤ 나는 매일 물을 뿌린다.

⑥ 나는 내게 물을 매일 엎지른다.

⑦ 나는 나를 매일 물에 적신다.

⑧ 나는 나를 매일 물에 헹군다.

⑨ 나는 나를 매일 물로 씻는다.

⑩ 나는 매일 물을 보충한다.

문장 ①부터 문장 ⑩은 약간씩 감각적 차이는 엿보이지만, 10개의 문장 모두 기본적으로 '나는 매일 물을 마신다'의 의미를 함유한다. 그런데 문장 ①에서 ⑩에는 '나', '매일', '물' 외에는 모두 다른 동사('붓다', '담그다' 등)와 다른 조사('물을' vs. '물에', '나에게' vs. '나를' 등)가 쓰였다. 기본적으로는 같은 의미이지만, 어떤 동사와 조사가 쓰였느냐에 따라 문장 구조와 의미가 조금씩 다양한 형태로 생성된 것이다. 언어 형태의 다양함은 마치 김점선의 '말馬' 그림들을 떠올리게 한다. 그림 속의 말馬들은 분명히 호랑이나 사자 등 다른 동물이 아닌 '말馬'인데, 표정과 자태가 모두 제각각이다.

말言과 말馬. 언어와 예술의 다양한 표현을 낳는 창의성은 과연 어디에서 생성되는 것일까? 그런데 무한히 다양한 언어 표현과

❖10개의 문장 모두 기본적으로 '나는 매일 물을 마신다'의 의미를 함유한다.

여러 모습의 말馬 표정이 가능하면서 어떻게 '나는 매일 물을 마신다'나 '말馬'의 전형적 의미는 상실되지 않고 그 전형성typicality이 유지될 수 있는 것일까? 물론 '나는 매일 물을 마신다'의 문장을 뒤에서 거꾸로 '다신마 을물 일매 는나'라고 바꾸어 말한다거나 또는 '말의 코'를 '코끼리의 코', '돼지 코'로 마구 바꾸어 그리면 각 의미의 전형성이 유지될 수 없을 것이다. 따라서 언어의 세계에는 풍부한 창의성뿐만 아니라 한정된 구조적 틀이 동시에 작용하고 있는 것이다. 촘스키가 "우리는 한정적인 수단을 어떻게 무한정 사용할 수 있는 것일까"라고 질문했듯이. 여기에서 '한정된 구조적 틀'은 구체적으로 무엇일까? 촘스키는 이것을 '보편 문법universal grammar'으로 규정한다. 즉 우리가 직접 듣고 말하는 피상적인 언어 형태 저변에 기저 구조가 있으며, 이 기저 문법은 모든 인간 언어를 지배하는 '보편 문법'이라고 규정했다. 그렇다면 보편 문법은 언어 특수적인 다양성과 어떤 상호 작용을 할까? 보편 문법이 있다면, 언어 간의 유사점은 무엇이며 다양한 형태로 표현되는 언어 간의 차이점은 무엇일까? 보편 문법과 각 언어 고유의 특징은 어떻게 발현되고 생성될까? 촘스키는 매개 변항 이론parameter theory을 이용해 언어의 보편성과 각 언어 고유의 특수성의 관계를 설명했다.

언어의
보편성

여러 나라의 말을 들어보면 서로 확실히 다르다. 그런데 피상적인 표현들의 저변 구조underlying structure를 살펴보면 보편적 특징이 발견된다는 것이 촘스키학파의 주장이다. 마치 해수면 위로 일부만 드러낸 채 떠 있는 빙산의 겉과 밑동의 관계처럼, 겉에서 감지할 수 있는 빙산의 형태나 우리가 피상적으로 표현하고 듣는 언어 형태는 바람과 태양 등 환경의 영향으로 그 모습이 달라질 수 있지만, 환경의 변화에 아랑곳없이 받침대로서 꿋꿋이 그 자리를 지킬 바닷속 밑동은 인간 언어의 일반적인 보편 구조와 유사한 성격을 띤다는 것이다.

촘스키는 매개 변항 이론을 제안하면서 보편 문법과 각 언어 고유의 문법이 어떻게 상호 작용하는지에 대해 구체적으로 논했다. 매개 변항이란 원래 수학적 개념으로 모집단의 특징을 나타내는 속성을 의미하는데, 여기에서는 인간 언어 구조의 보편적 특징을 의미한다. 촘스키에 따르면 언어 간 차이는 매개 변항화parameterization를 통한 각 문법 구조의 선택에 의해 유발되며 각 언어 고유의 문법 구조의 선택은 경험에 의거해 결정된다. 따라서 촘스키 이론에서 경험은 핵심적인 역할을 한다. 언어 보편 구조의 매개 변항을 각 언어에 합당하게 결정짓는 역할을 하기 때문이다. 예를 들면, 인간의 언어는 어순의 자유로움 정도에 따라 범주화될 수 있으므로 '어순'이 인간 언어의 보편적 특징으로서 매개 변항이 된다. 그러면 보다 구체적으로 언어의 보편 구조와 경험에서 유발되는 언어의 매개 변항화가 무엇인지에 대해 '어순' 매개 변항을 중심으로 살펴보기로 하자.

영어의 'I bought roses'([aybɔtrowzəz])와 우리말의 '나는 장미를 샀어'([nanUndʒaŋmirUlsatsə])라는 문장의 의미는 유사하지만, 소리와 문장 구조적으로는 분명히 각각 서로 다른 형태들의 집합이다. 예를 들면, 각 문장에 등장하는 명사('I' vs. '나', 'roses' vs. '장미'), 동사('bought' vs. '샀어') 등에서 볼 수 있듯이, 어휘도 다르고 어순도 다르다. 영어는 고립어^{isolating language}에 속하는 언어로서 주어-서술어-목적어의 순으로 고정되어 있다. 고립어와 달리 한국어는 어순이 비교적 자유로워 주어, 서술어, 목적어를 최대한 여섯 가지로 바꾸어 사용할 수 있다(예: '나는 장미를 샀어', '장미를 나는 샀어', '샀어 장미를 나는' 등). 이 사례에서 볼 수 있듯이, 한국어는 영어와 달리 어순이 자유로운 반면, 명사의 어미 활용이 풍부하다. 즉 주어, 목적어 등 문장에서의 기능을 명시적으로 제시해주는 격조사(예: '를', '는', '가')가 명사와 함께 쓰인다. 한국어와 같은 언어를 교착어^{agglutinating language}라고 하는데, 이 언어군에는 일본어, 말레이어, 터키어, 줄루^{Zulu}, 탄자니아의 키분조^{Kivunjo} 등 우랄·알타이어족, 반투어족 등의 언어가 속하며, 이 언어들은 영어, 중국어, 베트남어 등의 고립어와는 달리 비교적 어순이 자유롭다.

그런데 앞의 두 문장에서 볼 수 있듯이, 영어와 한국어는 어순은 다르지만 각 문장은 명사(예: 'John', '철수')와 동사(예: 'loves', '좋아해') 등, 동일한 종류의 품사로 이루어져 있다. 또한 각 문장에 쓰인 'bought roses', '장미를 샀어'는 각각 'did', '했어'로 묶여, 각각 간략히 'I did', '나 했어' 등으로 표현될 수 있다. 이러한 사실은 두 언어가 표면적으로는 서로 다른 소리와 어순들로 구성되어 있지만, 다음 **2**의 동사구 그림에서 볼 수 있듯이 기저 구조에서는 동사('bought'/'샀다')와 목적어인 명사('roses'/'장미를')가 하나의 동사구^{verb phrase, VP}, 즉 [VP V+[NP N]]으로 되어 있다는 것을 시사한다.

2

2´

촘스키 문법에 따르면, 동사구^{VP}란 동사^V를 최소한 하나 이상 갖추고 있는 구이다. 이때 동사를 '머리어^{head}'라고 하는데, 서로 다른 종류의 언어인 영어와 한국어는 두 언어 모두 동사구를 포함하는 반면, 영어의 경우에는 **2**와 같이 머리어 동사가 동사구의 초입 부분에 쓰이고, 한국어의 경우에는 **2′**에서 볼 수 있듯이 동사구의 끝 부분에 쓰이기 때문에, 각각 머리어 선행어^{head-initial}, 머리어 후행어^{head-final}로 대조를 이룬다.

머리어 V와 목적어인 명사 N이 동사구 VP 같은 한 덩어리 구조로 묶여 서로 긴밀한 관계를 나누는 양상은 여러 언어에서 발견되는데, 가장 두드러진 현상은 다음 **3**에 있는 관용구 사례에서 찾아볼 수 있다.

3

① 미역국(을) 먹다   ('실패하다')

② 자리(를) 잡다   ('자리매김하다')

③ 열(을) 올리다   ('화내다')

④ pass the hat   (request donations, '헌금을 요청하다')

⑤ kick the bucket   (die, '죽다')

3의 각 예제는 목적어(예: '미역국', '자리', '열', 'the hat', 'the bucket')의 기능을 하는 명사와 동사(예: '먹다', '잡다', '올리다', 'pass', 'kick')로 구성되어 있는 동사구로서, 각각의 명사와 동사가 결합되어야 하나의 의미 있는 관용적 표현이 가능해진다. 이런 현상은 한국어뿐 아니라 영어, 독일어, 일본어 등 많은 언어에서 관찰되는데, 촘스키학파 언어학자들은 이를 토대로 동사구 VP를 언어 보편적이며 생득적 문법 지식으로 간주했다.

이 세상의 언어는 어순뿐 아니라 여러 다른 양상에서도 유사점과 차이점을 보인다. 가령, 격조사나 전치사같이 독자적으로는 구체적인 의미를 유발할 수 없는 기능어의 경우, 한국어와 일본어는 격조사(예: '가', '를', '에서' 등) 같은 기능어를 명사의 오른쪽(뒤쪽), 즉 후치사로 사용하는데, 영어의 경우엔 격조사가 발달되지 않은 대신 'of', 'in', 'at' 등의 기능어가 명사의 왼쪽(앞쪽), 즉 전치사로 사용된다. 또 한국어나 일본어는 담화 주제가 명확한 경우 주어나 목적어를 생략할 수 있지만, 어순이 주어-동사-목적어로 고정되어 있는 영어와 같은 언어는 주어나 목적어를 생략할 수 없다. 이 밖에도 두 언어는 관계절·관형절 구조에서도 서로 대조적인데, 4에서 볼 수 있듯이, 한국어에선 관형절(예: '내가 산')이 선행사(예: '모자')의 왼쪽에 쓰이는 반면, 영어에선 4′와 같이 관계절이 선행사의 오른쪽에 나타난다.

4 – 한국어의 관형절

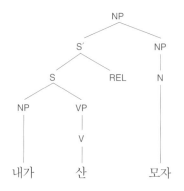

4´ – 영어의 관계절

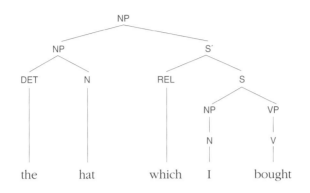

촘스키학파는 한국어 같은 언어와 영어와 같은 언어군을 각각 좌측 분기 언어left-branching language, 우측 분기 언어right-branching language 로 명명한다. 이와 같이 서로 대조적인 언어 양상을 도표화하면 다음과 같다.

한국어, 일본어 등	매개 변항	영어
후행	머리어	선행
허용	주어 생략	불허
오른쪽	기능어 위치	왼쪽
왼쪽	절의 분기 방향	오른쪽

한국어와 영어의 차이점 사례

위의 표에서 매개 변항으로 제시된 머리어, 주어, 기능어, 절의 분기 방향 등은 촘스키학파에서 보편 문법 요소로 간주되는 사례들로서 모두 생득적 언어 지식이다. 촘스키 이론에 의하면,

이러한 보편 문법 요소들은 매개 변항화되어 언어에 따라 다양한 양상을 띠며, 무엇보다도 중요한 것은 이 세상의 언어들은 앞의 표에서 볼 수 있듯이 일관적인 형태를 띤 상태에서 다양성이 표출된다는 점이다. 촘스키는 1983년 《옴니OMNI》 11월호에 실린 인터뷰에서 이에 대해 비유를 들었다. 마치 서양에서 생선 요리는 백포도주와 함께, 소고기 요리는 적포도주와 함께 메뉴를 결정하는 관습이 생겼듯이, 각 매개 변항마다 몇 개의 서로 대조적인 메뉴가 생겨, 그중에서 언어의 종류에 따라 특정한 메뉴가 결정되는 점과 흡사하다는 것이다. 실제로 지난 수십 년에 걸쳐 촘스키를 위시한 현대 언어학자들의 분석 결과를 보면, 한국어와 일본어 같은 언어들은 앞의 표에 있듯이, 머리어 후행, 주어 생략, 기능어와 분기의 왼쪽 방향 등이 관찰되었고, 영어는 한국어, 일본어의 특징과는 모두 대조적인 특징을 갖는다는 것이 발견된 바 있다.

이 이론에 따르면, 영어를 습득하는 아동들은 주변 환경에서 'Jane the apples likes' 같은 머리어 후행 구조가 아니라 'Jane likes the apples'와 같이 머리어 선행 유형을 접하게 됨으로써 머리어 선행 구조가 촉발될 것이며, 머리어 후행 언어인 한국어와 일본어를 습득하는 아동들은 '영이가 좋아해요 사과를'의 머리어 선행 문장보다는 '영이가 사과를 좋아해요' 같은 머리어 후행 구조를 몇 번이라도 접하게 되면 머리어 후행 구조가 발현될 것이라는 생각이다. 즉 언어 지식의 기저에는 본성적인 보편 문법 요소가 변함없이 지배하지만, 최소한의 경험으로 매개 변항화 과정이 생기면서 각 언어의 특징들이 촉발된다는 것이다.

매개 변항 이론은 1980년대 중반부터는 언어학 영역의 전반에 큰 영향력을 행사하기 시작한다. 특히 언어 습득 이론을 크게 변화시키는 동기가 되었다. MIT를 중심으로 형성된 촘스키학파는 아동의 습득 과정에서 머리어 방향의 매개 변항화 과정이 실시간으로 관찰된다는 가설을 제안하기 시작했다. 1980년대 중반 이래 약 20여년 간 많은 영향을 끼친 촘스키학파 언어 습득학자들은 어순의 기반인 머리어나 분기의 방향, 통사구 구 구조phrase structure, NP, VP의 위계 구조 등 추상적이고 복잡다단한 문장 구성 요소들이 언어 습득 과정을 직접적으로 결정한다고 주장했다.

가령, 바버라 러스트Barbara Lust와 루이스 맨지오니Louis Mangione를 비롯한 촘스키학파가 제안한 '아동의 머리어 분기 방향 민감성' 가설에 따르면, 아동은 문장 분기 방향에 민감해, 좌행 분기어를 모국어로 습득하는 아동은 좌행 생략형을, 우행 분기어 아동은 우행 생략형을 보다 용이하게 습득하게 된다고 했다. 즉, 한국어나 일본어 같은 좌행 분기어를 습득하는 아동의 경우, 생략된 명사가 좌측에 있는 **5–나** 구조를 **5–가** 보다 조기에 습득하지만, 우행 분기어인 영어 같은 언어 습득 아동은 생략된 명사가 우측에 있는 **6–가** 구조를 **6–나** 보다 더 용이하게 습득할 것이라는 주장이다.

5

가. 민수가 책을 읽고 Ø 잤다. (Ø = 민수)

나. Ø 책을 읽고 민수가 잤다. (Ø = 민수)

6

가. John read a book and Ø slept. (Ø=John)

나. After Ø reading a book, John slept. (Ø=John)

촘스키학파의 습득 가설은 1980년대 중반 이래 촘스키학파와 다른 학파들에 의해 꾸준히 검증되었는데, 연구 결과는 크게 대조적이었다. 촘스키학파인 러스트와 동료들은 영어권 아동과 일본어 습득 아동을 연구한 결과 아동들의 발달 과정이 습득 가설의 예측대로 관찰되었다고 보고하는 반면, 다른 연구들의 결과는 습득 가설을 뒷받침하지 않았다. 예를 들어, 좌행 분기어인 한국어를 습득하는 5세 1개월~11세 12개월 아동 102명을 26개월 동안 조사한 연구에서는 9세 2개월 이전의 아동들은 오직 우행 생략형만을 발화하고, 9세 2개월이 지나야 좌행 생략형이 조금씩 나타나기 시작한다고 보고했다. 또한, 좌행 분기어인 일본어와 한국어 습득 아동의 비교 연구에서도 만 7세 이하의 아동들의 경우, 우행 생략형을 선호하는 비율이 현저하게 낮았다.

촘스키학파의 습득 가설을 지지하지 않는 학자들은 머리어 방향보다는 인간의 기본 인지 책략을 근거로 설명을 시도한다. 아동은 모국어의 분기 방향에 상관없이, 주제어^{topic}가 우선 명시적으로 언급되고 나중에 생략되는 우행 생략형 구조가 인지적으로 선호될 수밖에 없다는 것이다. 인간에게는 말의 초점인 주제어가 우선적으로 언급된 후 나중에 생략되는 것이 말의 응집력을 강화시켜, 그 결과 이해가 촉진되고 우리의 기억에 더 오래 남아, 더욱 자연스러운 형태로 인식되는 인지 기제가 있을 것이라는 가설이다.

　실제로, 장 피아제^{Jean Piaget, 1896~1980}와 같은 인지심리학자는 언어 능력의 생득성보다는 인지 기능의 선천적 능력을 인정했다. 피아제는 촘스키의 보편 문법과 같은 언어 지식의 생득성에는 반대했으며, 감각운동 지능을 비롯한 여러 인지 능력의 선천성으로 언어 지식을 낳을 수 있다고 주장했다. 촘스키의 이론이 언어 지식의 내용 중심이라면, 피아제는 인지 능력의 기능^{functionalism}적인 측면을 중요시한 것이다. 두 학자의 견해를 좀 더 구체적으로 비교해보기로 하자.

촘스키와 피아제의 생득설

생득주의자들의 주장처럼 우리에게 선천적 능력이 있다면, 우리는 태어날 때 어떤 능력과 지식을 갖고 있을까? 피아제와 촘스키는 생득적 능력 또는 지식을 각각 언어 구조의 '회귀성^{recursiveness, recursion}'과 '인지 기능'으로 규정했다. 촘스키학파가 주장하는 '회귀성'이란 동사구, 명사구 등의 구 구조^{phrase structure}나 문장^{sentence} 단위가 거듭 되풀이되는 언어의 저변 구조의 특징을 지칭한다. 가령, 다음 **7**의 구조를 보면 명사구와 동사구(NP1, NP2…, VP1, VP2…), 문장(S´1, S´2…, S1, S2…)이 자꾸만 되풀이되는 구조적 특징을 발견하게 되는데 이런 특징이 회귀성이다.

7

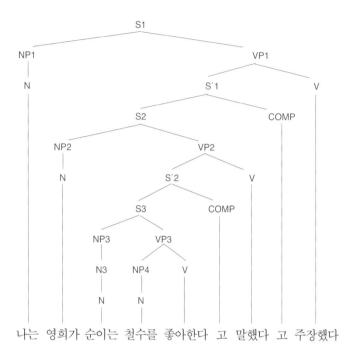

나는 영희가 순이는 철수를 좋아한다 고 말했다 고 주장했다

촘스키는 2002년 마크 하우저[Marc D. Hauser, 1959~]와 테쿰세 피치[W. T. Fitch, 1963~]와 함께 〈언어 능력, 그것은 무엇이며 누구에게 있으며 어떻게 진화하는가[The Language Faculty: What is it, who has it, and how did it evolve?]〉라는 논문을 《사이언스[Science]》에 발표했다. 이 논문에서 세 학자는 '포괄적 언어 능력[faculty of language in the broad sense, FLB]'(넓은 의미의 언어 능력)과 '제한적 언어 능력[faculty of language in the narrow sense, FLN]'(좁은 의미의 언어 능력)을 구별했다. 이들의 주장에 따르면, FLN은 오직 위에서 소개한 회귀성만을 포함하는 언어 능력으로서, 무한한 표현을 산출할 수 있는 유한한 언어 구조적 요소들의 집합

이며, 이 언어 지식은 선천적으로 주어진다. 회귀성은 FLB에 있는 감각운동 체계sensorimotor system, 개념-의도 체계conceptual-intentional system, 계산 체계computational mechanism 등에 의해 실행된다. 즉 우리는 감각운동 체계를 통해 소리의 저변 구조(표상representation)를 감지할 수 있고, 개념-의도 체계로써 우리의 생각을 표현하고 이 세상에 대한 얘기를 의미 있게 나누며, 계산 체계를 통해 언어 정보를 실시간으로 처리하게 되는 것이다. 따라서 FLB는 언어에 관련된 지식과 처리에 관계된 요소를 가득 담고 있는 '큰 상자big box'라고 불린다.

촘스키는 감각운동 체계를 도입해 오직 말소리의 저변 구조가 어떻게 습득되는지에 국한된 설명만 추구한 반면, 피아제는 감각운동 지능 단계sensorimotor intelligence period를 설정해 아동의 주변 세계에 대한 새로운 경험이 어떻게 언어의 습득을 총체적으로 가능하게 하는지에 대한 설명을 시도했다. 피아제의 이론에 따르면, '감각운동기'는 생후부터 만 2세 사이의 첫 발달 단계로서 이 시기에 발달되는 '대상 영속성object permanence', '지연 모방deferred imitation' 등의 성숙과 더불어 '상징적 표상symbolic representation'이 발달되면서 언어 습득이 성숙한다. 대상 영속성이란 물체 혹은 대상이 시야에서 사라져도 그 물체는 계속해서 존재한다고 믿는 능력이다. 이 능력은 생후 9~11개월의 기간을 걸쳐 점진적으로 성숙하면서 발달되는 능력이다. '지연 모방'은 감각운동적 지능 발달 단계가 끝날 무렵인 만 1세경에 발달되는 능력이다. 이 시기가 되면 아동은 과거의 사건을 이미지화해 '상징적 표상'으로 내재화함으로써 과거의 사건을 재현해 모방할 수 있게 된다고 한다. 이 밖에, 두 번째 발달 단계는 만 2~6세의 시기를 포함하는데, 만 4세경까지는 전개념 사고기^{preoperational}로서 사물을 유사성에 따라 범주화하고, 만 4~6세에는 통찰적 사고기로서 보존성^{conservation}을 이해하게 된다고 한다. 보존성이란 수, 길이, 물질, 면적 등이 항상적으로 남아 있음을 이해하는 능력으로서, 일례로 1리터의 물을 좁고 긴 병에 담건, 넓고 낮은 용기에 채우건, 물의 높이에 상관없이 물의 양은 변함이 없다는 점을 이해하게 되는 것이다. 세 번째 단계는 만 7~11세의 시기로서 아동은 사물을 작은 것에서 큰 것으로 또는 그 반대로 배열할 수 있는 계열성^{seriation}을 깨닫게 되어 복잡한 조작을 수행하면서 문제 해결을 시도하는 구체적^{concrete} 단계라고 한다. 만 12세가 되면 네 번째 발달 단계인 형식적^{formal} 조작 단계를 밟기 시작한다. 이 시기 아동의 정신적 도구는 논리적으로 발달되는데, 이 능력은 평생을 통해 지속적으로 발달된다고 한다.

그러면 아동이 어떻게 '곰'을 '곰'으로 인지하게 되는지에 대한 피아제의 설명을 들어보자. 우리 주변에서 흔히 볼 수 있는 부모와 어린아이와의 대화를 쉽게 상상해볼 수 있다. 가령 동물원에서 곰을 보면서 '저게 뭐야?'라고 질문하는 아이에게 부모가 '응, 곰이야'라고 답변하는 상황이다. 이와 흡사한 상황은 우리 주변에서 거듭 재현될 수 있는데, 아이들은 이러한 환경과의 상호 작용을 통해 '곰'이라는 새로운 개념을 상징적으로 형성하는 능력, 즉 '상징적 표상'을 성취한다고 한다. 상징적 표상을 성취하기 위해서 아이들은 '대상 영속성' 능력과 '지연 모방' 능력이 충분히 발달되고 있는 단계여야 하며, 또한 '상징적 표상'을 학습하는 동안 아이들은 동화^{assimilation}와 조절^{adaptation}의 두 과정을 밟는다. 예를 들면, 아이들은 다양한 상황(예: TV, 책, 가게 등)에서 과거에 보았던 동일한 사물(예: '곰')을 보면서 '야, 곰이다'라고 소리칠 때가 있는데, 피아제는 이러한 행동을 아동이 '곰'이라는 새로운 개념을 긍정적으로 받아들이는 행위, 즉 '동화'하는 행위라고 설명했다. 그런데 많은 경우, 아이들의 동화 기능은 처음부터 완벽한 것이 아니고, 시행착오를 거듭 겪으며 개념을 습득하곤 하는데 이때 아동은 '조절'하는 과정을 거친다. 예를 들면, '호랑이'를 보고 '야, 곰이다'라고 잘못 명명한 경우 '그건, 곰이 아니라 호랑이란다'라는 어른의 말을 들으면서 혼동하는 단계가 발생하는데, 이때 아동은 두 개념의 차이점을 좁혀가면서 자신이 잘못 형성했던 개념을 수정해야 하는 조절 단계를 밟게 된다는 것이다. 피아제에 따르면, 인간은 이렇게 동화와 조절 등 두 과정을 밟으면서 새로운 개념과 지식을 습득해나간다.

위의 논의를 종합해보면, 감각운동 체계의 발달은 촘스키에게는 오직 언어의 소리 구조의 습득에 관여하는 정도로 국한된다. 촘스키는 언어 지식의 핵심을 통사적 회귀성이라 주장했고, 통사적 회귀성은 감각운동 체계의 발달만으로는 습득될 수 없는 생득적 언어 특정적 지식 체계language-specific faculty라고 제안했다. 반면, 피아제는 감각운동 지능의 발달이 성숙해지면서 동화와 조절 등의 인지 기능을 통해 언어 습득이 촉발된다('link')고 주장했다. 이러한 점에서 미루어 볼 때, 피아제와 촘스키는 언어가 어떻게 습득되며, 무엇이 생득적 지식인지에 대해, 그리고 언어 특정적 지식을 다른 인지 기능과 차별화하는지의 여부에 대해 기본적으로 서로 다른 견해를 갖고 있다고 결론 내릴 수 있다.

피아제와 촘스키의 견해 차이는 이미 30년 전, 1975년에 파리 근방 루아요몽 수도원Abbaye de Royaumont에서 개최되었던 논쟁에서 확인되었다. 당시에 두 사람이 제기했던 질문만 보아도 두 학자가 얼마나 서로 다른 입장을 갖고 있는지 드러난다. 1975년에 촘스키는 지식의 생득성을 주장했고, 피아제는 인지 구조 기능의 생득성을 역설했다. 즉 최소한 생득성에 대해서는 둘 다 동의한 반면, 생득성의 본질에 대해서는 서로 다른 견해를 보인 것이다. 피아제는 어떤 지식이 생득적이냐의 여부의 문제보다 지식과 인지 구조의 형성 과정이 무엇인지, 그리고 생득성이 생물학적으로 어떻게 형성되는지를 밝히는 것이 핵심적인 문제라고 주장했다. 또한 감각운동 지능과 같은 인지 구조로써 언어 습득을 총체적으로 설명하려 했기 때문에 주어, 서술어 등 언어 지식을 생득적 지식의 일부로 간주할 필요를 느끼지 않는다고 피력했다. 반면, 촘스키는 심성 기관mental organ에 가득 담겨 있는 생득적 보편 문법들이 아동의 환경과 어떻게 상호 작용해 어떤 특정한 언어 지식 구조가 어떻게 아동의 행동과 연결되어 궁극적으로 아동의 언어 지식으로 촉발되는지의 문제가 가장 중요한 연구 과제가 되어야 한다고 피력했다. 따라서 간략히 요약하면, 피아제와 촘스키는 근본적으로 아동의 언어 습득이 인지 구조의 기능적 형성의 문제인지, 아니면 보편 문법과 어떠한 매개 변항화를 통해 어떤 언어 특정적 문법이 어떻게 촉발되는지에 관한 지식 기반의 문제인지 등 두 갈래로 분리된 상이한 입장이라고 할 수 있다.

이처럼 촘스키와 피아제는 본질적으로는 서로 다른 이론을 주창했지만, 각각 언어 지식의 생득성과 인지 체계의 생득성을 인정했다는 점에서 두 학자 모두 생득주의자에 속한다. 생득성은 유전성heredity을 포함하는데, 그렇다면 촘스키가 주장했듯이 언어 지식이 생득적으로 성장한다는 의미는 보편 문법이 유전성을 띤다는 의미일 것이다. 이 말인즉슨, 마치 유전자가 눈동자의 색, 코의 모양, 성격 등을 결정할 수 있는 것처럼, 언어 지식의 세계에도 이른바 '언어 유전자language gene'가 있다는 얘기일까? 실제로 2001~2002년에 옥스퍼드 대학의 앤서니 모나코Anthony Monaco 교수 팀과 독일 막스 플랑크 진화인류학 연구소Max-Planck-Institut für evolutionäre Anthropologie, MPI EVA 팀은 언어의 발화와 관련된 유전자로 보이는 FOXP2를 발견했다고 발표해 학계를 놀라게 했다. 그럼 이제 FOXP2에 대한 논의를 살펴보기로 하자.

언어 유전자가 있을까?

　인간은 말을 하는 동물이다. 촘스키와 핑커를 위시해 많은 현대 과학자들은 인간을 다른 영장류로부터 차별화시킬 수 있는 대표적 기준으로 인간의 말하기 능력을 꼽는다. 인간 사회에서 말은 의사소통의 기본이다. 일본 속담에는 '말은 마음의 심부름꾼'이란 말이 있다. 말은 인간의 마음을 표현하는 소리라는 것이다. 동물들은 왜 말을 구사할 수 없을까? 사람에 가장 가까운 침팬지는 훈련을 하더라도 발성 관련 근육을 잘 움직일 수 없어서 극히 제한된 단어만 발음할 수 있다. 반면, 인간은 늘 새로운 문장을 만들어 의미 있는 대화를 나눈다. 인간과 동물은 근본적으로 무엇이 다를까? 무엇 때문에 인간은 말을 할 수 있고 동물은 할 수 없는 것일까?

　사람과 침팬지의 유전적 차이는 단 1.25%에 불과하다고 한다. 한국·중국·일본 등 6개국 과학자들이 참여한 '국제 침팬지 게

놈 프로젝트International Consortium of Chimpanzee Genome Project'에서는 지난 2002년과 2003년 사람과 침팬지의 유전자 구조가 무려 98.75%나 같다는 연구 결과를 발표한 바 있다. 그 1.25%의 차이가 과연 무엇이기에 사람으로, 침팬지로 가르게 한 것일까? 사람과 침팬지의 1.25% 차이의 수수께끼는 2001년 10월, 독일 막스 플랑크 진화인류학 연구소와 영국 옥스퍼드 대학 연구진에 의해 조금씩 풀리기 시작한다. 즉 인간은 어느 한 유전자에서 중요한 변화가 발생해 침팬지나 쥐 등과 다른 독특한 언어 구사 능력을 갖게 됐다는 것을 발견하게 된 것이다. '폭스피2FOXP2, forkhead box P2'라는 이름의 이 유전자가 오랜 진화 과정에서 돌연변이를 일으켜 사람이 정교한 언어 구사 능력을 갖게 되었다는 것이다. 여기서 우리는 일찍이 언어학자 필립 리버먼Philip Lieberman이 예기한 것과 같은 의문을 가질 수밖에 없다. 만약 인간에게 언어 유전자 같은 것이 있어 이 유전자가 침팬지에게 복제된다면 침팬지는 과연 인간처럼 발성을 하게 될까?

인간의 언어 유전자 존재 여부의 문제는 촘스키학파가 주장한 본성주의의 타당성 여부와 관계가 깊다. 촘스키 이론의 핵심적 사상인 본성주의에 의하면 인간의 언어 능력은 보편 문법에 의해 촉발되는 선천적인 능력이다. 즉 마치 컴퓨터를 구매하고 처음으로 전원을 켜기 이전부터 컴퓨터에 물리적으로 이미 장착되어 있는 하드웨어처럼, 인간은 유전적으로 언어 습득 능력을 갖고 태어난다고 전제하는 것이다.

본성주의는 인간의 언어 및 인지 능력에 대해 두 가지 질문을 낳는다. 첫째, 언어 습득의 체계에 보편 문법과 같은 선험적인 언어 지식이 근간을 이룬다면, 기억, 산술 능력, 지각 등 언어 외적인 인지 영역은 인간의 언어 습득 과정에서 핵심적인 역할을 하지 못하고 오직 상호 작용에 협조하는 보조 역할만 할 것이다. 그렇다면 언어의 지식 체계는 언어 외의 인지 체계와 상호 작용을 하더라도, 기본적으로는 서로 독립적인 체계일 가능성을 시사하게 되는데, 과연 언어 능력과 타 인지 능력은 서로 독립적인 단원module에서 비롯될까? 둘째, 카린 스트롬스월드Karin Stromswold가 언급했듯이, 촘스키의 선험성innateness 가설이 옳다면, 유전 발생적인genetic 모든 지침을 관장하는 우리의 DNA에는 보편 문법과 같은 언어 구조가 선험적으로 부호화된, 이른바 '언어 유전자'와 같은 그런 체계를 포함하고 있어야 할 것이다. 과연, 언어 유전자란 존재할까?

FOXP2 발성 유전자

언어 유전자 문제는 한 가계의 언어 장애 문제가 표출되면서 더욱 구체적으로 논의되기 시작했다. 'KE 패밀리KE Family'로 불리는 이들은 파키스탄 출신의 영국인들이다. 이들이 1990년대 초반 이래 언어 발달의 유전성에 대해 연구하는 과학자들의 관심의 대상이 된 것은 3대째 언어 장애를 겪은 구성원이 15명이나 되었기 때문이다. KE 패밀리는 언어와 관련된 여러 장애를 겪었다. 예를 들면, 명료한 발성을 하기 위해 필요한 입술 근육을 잘 움직이지 못하거나, 철자를 이용해 단어를 나열하는 과제(예: 'p'가 초성에 나타나는 단어로 'pan', 'pick', 'pal' 등 나열하기)를 어려워했다. 이들은 표현력 외에 수용성 과제에도 문제가 많았다. 이를테면, 실제로 사용되는 단어(영어의 'pan'), 또는 실제로 존재하지 않는 가상적인 단어(영어로 'bik')를 주고 실제성 여부를 판단하는 과제에서 어려움을 겪었고, 이 외에도 구조적으로 매우 복잡한 문장 구조(예: 관계절이 포함된 복문)를 이해하지 못했으며, 또한 문법 규칙에 따라 단어를 수정하는 과제(예: 실제로 사용되지 않는 'snoz'라는 단어를 이용해 "This creature is snozzing, so we call him a _____" 라는 말을 듣고 빈칸에 'snozzer'라고 답변하기 등)에도 많은 어려움을 겪었다. 그런데 이 가계 구성원들의 발성을 어렵게 만든 것이 한 돌연변이 유전자였음이 확인된 것이다. 이 유전자가 바로 FOXP2였다.

FOXP2 유전자는 사람뿐만 아니라 침팬지, 쥐 등 여러 다른 포유동물에게도 모두 있는데, 염기 서열의 미세한 차이가 사람과 다른 포유동물들의 차이를 가져온 것이다. 즉 이 유전자는 모두 715개의 아미노산 분자로 구성되어 있는데, 인간의 경우 쥐와는 3개, 침팬지와는 단지 2개만 분자 구조가 다를 뿐이다. 이런 미세한 차이는 단백질의 모양을 변화시켜 얼굴과 목, 음성 기관의 움직임을 통제하는 뇌의 일부분을 훨씬 복잡하게 형성하고, 이에 따라 인간과 동물의 능력에 엄청난 차이가 발생한 것이라는 추정을 하게 되었다. 다시 말해, 인간의 경우 FOXP2 유전자에서 2개의 아미노산이 돌연변이를 일으켰고, 그 결과 인간은 혀와 성대, 입을 매우 정교하게 움직여 복잡한 발음을 할 수 있는 능력을 얻게 된 것이다. 실제로, 두 개의 변이를 제외하면 인간과 다른 동물의 FOXP2는 거의 똑같다는 것이다.

이와 같은 돌연변이가 일어난 시점은 현생 인류인 호모 사피엔스[Homo sapiens]가 출현한 시점과 일치한다고 한다. FOXP2의 돌연변이는 12만~20만 년 전에 처음 일어났으며, 현재 인간이 가진 형태의 유전자 변형은 진화 과정 후기인 1만~2만 년 전에 완성돼 빠른 속도로 전파된 것 같다. 즉 지난 20만 년 동안 언어가 퍼져 나간 것으로 보인다. 이런 결과는 해부학적으로 볼 때 현생 인류의 등장이 20만 년 전이라는 고고인류학 연구와도 일치한다.

핑커가 말했듯이 FOXP2의 발견으로 촘스키의 주장이 재확인되었다고 볼 수도 있을 것이다. 그러나 아직 우리는 이 '발성 유전자'의 역할이 무엇인지 정확히는 알지 못한다. 실제로 과학자들은 FOXP2 유전자 외에도 다른 여러 유전자들이 언어 구사에 관련되었을 것으로 보고 있기도 한다. 쥐의 유전자를 인간의 언어 유전자와 비슷한 형태로 변이한 뒤 뇌와 행동 변화를 관찰하는 연구도 진행 중이다. FOXP2가 발성의 어려움과 관계되는 유전자로 밝혀진 것은 과학사에 분명히 획기적인 사건이지만, 이 유전자가 과연 인간과 침팬지의 언어 능력을 단번에 차별화시키는 유일한 유전자로 거론된 적은 없다. 인간의 언어 유전자를 복제해 '말하는 침팬지'를 실험하는 것은 공상 과학 영화에서도 아직 기대하기 어려울 정도로 가야 할 길이 멀다. 언어 능력은 단순히 발성 능력만 관계되는 것이 아니라, 논리력, 청각, 시각 등 여러 지각 능력을 위시한 인지적 능력의 통합이 성공적으로 이뤄질 때 성취될 수 있는 것이기 때문이다. 코넬 대학의 앤드루 클라크[Andrew G. Clark] 교수 팀이 2003년 발표한 연구에 의하면, 인

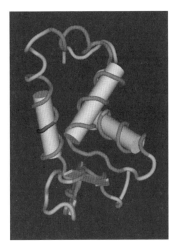

FOXP2 유전자의 구조
색이 칠해진 부분이 발성을 어렵게 한 돌연변이로
추정된다.

간과 침팬지는 언어 유전자뿐만 아니라 후각, 시각, 청각 등 감
각 유전자 역시 진화 과정에서 많은 차이점이 발생했을 가능성
을 논의한 바 있다. 실제로, 최근의 언어 장애 환자들의 연구를
보면, 인간의 인지 능력이 잘 통합되어 있지 않는 듯한 모습을
관찰할 수 있다. 그럼 이 양상에 관해 잠시 살펴보기로 한다.

서번트 증후
자폐 천재들

언어 장애 중에 최근 주목을 많이 끌고 있는 증후
군 중에 자폐 장애가 있다. 자폐는 아직도 확실한
원인은 밝혀지지 않았지만, 요즘에는 유전적 원인
에 근거한 주장이 자주 보고된다. 자폐 장애를 가진 이들 중에,
희귀하지만 매우 전형적인 유형으로 이른바 서번트 증후^{savant}
^{syndrome} 천재가 있다. 일례로 영화 〈레인 맨^{Rain Man}〉(1988)을 기억

하면 금방 이해할 것이다. 더스틴 호프먼^{Dustin Hoffman, 1937~}이 연기한 주인공 레이먼드는 범상한 암기 능력과 기계적인 기억력을 보이지만 상대방과의 의사소통 능력은 없다. 레이먼드의 방에 책이 많이 꽂혀 있는 것을 보고 동생 찰리가 "요즘, 어떤 책을 쓰고 있어?"라고 물으니, 레이먼드는 "신시내티에 비가 1.17인치가량 왔는데 물론 그 정도는 작년 이즈음에 비해 무려 1.74인치나 적은 강수량이지. 이번 9월은 1960년 이래 가장 건조한 달이야"라고 답한다. 이러한 반응에 찰리가 의아한 표정을 지으며 이번에는 "내 말 좀 들어봐. 음…… 아버지 말이야……. 이젠 더이상 우리 곁에 계시지 않아. 돌아가셨어"라고 슬픈 어조와 표정으로 어렵게 소식을 전하자, 레이먼드는 무표정한 얼굴로 느닷없이 "나 아버지 뵈러 가도 돼?"라고 질문한다.

자폐 장애를 가진 이들 중에 레이먼드처럼 산술적 암기력이 컴퓨터같이 자동적이고 탁월한 수준의 증상을 보이는 서번트 증후 천재들이 가끔 발견된다. 최근 보고에 따르면, 서번트 증후 천재는 지난 100년 동안 전 세계적으로 약 100명가량 발견되었다고 한다. 이들은 특히 숫자, 미술, 음악 등에 천재적인 재능을 보이고, 혼자서는 하고 싶은 언어 표현을 '적합한 구조'로 발화하면서, 막상 타인과의 의사소통이나 감정 표현, 감정 읽기 등의 능력은 부진하다. 레이먼드의 증상이 바로 그렇다. 자기가 하고 싶은 말은 올바른 문법과 발음으로 발화할 줄 아는데 막상 상대방과의 의사소통은 불가능한 점, 강수량같이 기억하기가 쉽지 않은 통계적 자료를 정확히 기억하는 능력은 탁월하면서도 '죽었다'와 같이 간단하고 일상적인 표현은 이해하지 못하는 점, 또한 침팬지와 같은 다른 영장류들처럼 타인의 감정이나 표정을 읽을 능력이 결여되어 있는 점 등이다. 이러한 특징들을 보면, 마치 언어, 숫자, 감정 등 다양한 인지 구조와 운용 체계들이 서로 독립적으로 작용하는 것처럼 보인다. 일례로, 언어 능력 한 면만 보아도, 혼자 말하느냐 아니면 상대방과 소통을 해야 하느냐, 즉 담화 맥락에 따라 언어의 지식과 사용이 얼마나 독립적으로 운용되는지의 문제, 또한 언어와 다른 인지 영역(예: 감정, 산술, 미술 등)의 교류 작용이 얼마나 서로 독립적인지의 여부가 중요한 논제가 된다.

정서, 지능 등 인지 영역들과 운동 감각 능력이 서로 독립적으로 활성화되는 양상은 2005년 개봉한 영화 〈말아톤〉의 실제 주인공인 형진이를 통해 잠시 관찰할 수 있을 것 같다. 형진이는 '100만 불짜리 다리의 마라톤 천사'라고 불릴 정도로 마라톤의 귀재로 통한다. 20대 청년이지만 지적 능력은 학령기 이전의 수준이고, 아직 정서 표현과 사회성이 완숙되지 못한 상태이며, 언어 표현을 잘하지 못하는 자폐 장애를 보이지만, 이미 열아홉 나이에 42.195킬로미터의 장거리를 기존 마라톤 선수들에게도 어려운 2시간 57분 7초에 완주해 주위를 놀라게 한 선수로 알려져 있다. 형진이의 운동 감각은 그의 지적 · 정서적 발달, 사회성, 언어 능력과는 비교할 수 없을 정도로 탁월하며 그의 마라톤 실력은 다른 일반 마라톤 선수들의 기록을 갱신할 정도이므로 형진이는 분명히 마라톤 천재라고 할 수 있다.

최근 국제적으로 화제가 된 티토 무코파드야이[Tito R. Mukhopadhyay, 1989~]는 레이먼드나 형진이와는 또 다른 특징을 보이는 서번트 증후 천재다. 티토는 만 열한 살이 될 때까지 소리 내어 말할 수 있는 단어가 몇 개 되지도 않았는데, 이미 19세 수준의 어휘력으로 복잡한 문장을 만들었고 삶에 대한 철학적인 생각을 글로 표현했다고 한다. 이런 천재적 특징을 제외하면 티토의 다른 행동은 말 못하는 다른 자폐 아동들과 흡사했다. 다른 사람들과 눈을 맞추지 않았고 다른 사람들의 질문이나 반응에 무관심한 태도를 가졌으며, 특히 정서 장애가 심해 자극 과민성으로 인한 분노 발작이 잦았다. 또한 자폐 장애의 전형적인 특징인 편집증이 있었다. 예를 들면 엄마와 같이 걷는 동안 엄마가 자기가 원하는 위치에서 걷지 않으면 울음을 그치지 않아 주변 사람들이 의아해하는 일도 빈번했다고 한다. 티토의 사례도 형진이나 레이먼드의 경우와 같이 인지 영역들 간의 독립적인 관계를 시사한다. 티토의 경우에는 정서, 사회성 등의 일반 인지 영역과 언어 영역 간의 독립성뿐만 아니라 언어 영역 자체만 보더라도 티토의 말하기와 글쓰기 능력이 완전히 다른 것을 보면, 언어의 두 능력을 가능하게 하는 인지 과정과 언어 지식이 최소한 어느 단계에서는 서로 차별화되어 있을 가능성을 제시한다.

포더
vs.
촘스키

우리는 일상생활에서 말, 글자, 사물, 음악, 동영상 등 다양한 정보를 시시각각 처리하며 산다. 어느 겨울날 귀가하는 길에 은은한 커피 향을 맡게 되었다고 하자. 커피 향과 동시에 불현듯 떠오르는 5년 전의 카페,

그곳에서 만났던 친구 모습, 목소리 등등……. 나는 커피 향과 함께 갑자기 타임머신에 몸을 싣고 과거를 달리고 있는 것이다. 조금 전에 후각과 촉각에 의해 처리된 정보('커피 향', '겨울날의 찬 공기')는 아래 도형 1에서 볼 수 있듯이 나에게 5년 전의 과거로 돌아가 시각(얼굴 모습), 청각(목소리), 그리고 공간적(카페) 정보를 떠올리게 한 것이다.

그런데, 민스키의 모델에 따르면, '커피 향'과 '찬 공기' 등 두 자극에서 연상된 시각, 청각, 공간적 대상들은 서로 간에 도형 1에서 상정한 것보다 훨씬 더 복잡다단한 상호 작용을 할 것이라고 추정된다. 가령, 자극 '커피 향'과 자극 '찬 공기' 간에 상호 작용이 일어나고, 또한 연상된 내용들 사이에도 상호 작용이 발생하면서 궁극적으로는 자극과 연상 간에 일종의 통합된 의미 있는 관계가 설정될 것이다. 이러한 상호 작용을 도형으로 표시하면, 도형 2와 같은 가정이 가능해진다.

도형 2에서 전제하고 있는 자극 간의 관계와 연상 내용들 간의 상호작용이 인간의 인식과 인지의 세계에서 중요한 역할을 한다면, 이 장의 첫 부분에서 제기되었던 언어 능력과 타 인지 능력

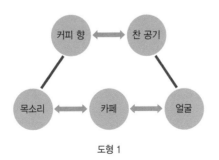

도형 1

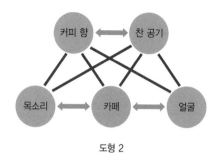

도형 2

간의 독립성 문제가 대두된다. 즉, 도형 2에서 보았듯이, '커피 향'이라는 소리가 의미하는 참조 대상^{referent}은 과거 5년 전에 커피를 같이 마셨던 사람의 '음성'과 '모습'이 연상되면서, '커피 향'이라는 단어의 의미가 단순히 후각 정보만을 기반으로 형성되는 것이 아니라, 연상된 대상의 시각적, 청각적 정보가 직접 연관됨으로써 구체화되는 것이다.

　인간이 궁극적으로 사물을 인식하는 과정에서 중요한 영향을 주는 오관의 인지적 체계들은 서로 어떻게 긴밀히 상호적으로 연계되어 있으며, 또한 얼마나 상호 간에 독립적으로 운용될까? 예를 들면, '커피 향'을 후각적으로 감지하면서 어떤 사람의 '모습'이 떠오르는 시각적 정보가 처리될 때, 우리 인지 세계에 있는 후각 체계와 시각 체계는 어떤 상호 작용을 하며, 각 체계는 어느 정도의 독립성을 유지할까? 이와 같이 오관의 감각적 경험을 통해 사물을 인식하는 과정에서 이용되는 언어 지식('커피 향'이라는 복합 명사의 의미 구조)은 오관의 인지적 체계와 어떠한 상호 작용을 하며, 서로 독립적인 체계라면 인지 체계들과 언어 지식은 어떤 구조로 독립성을 유지하는 것일까?

촘스키의 언어 영역 특수 단원

촘스키는 언어를 일반 인지 과정과는 독립된 하나의 단원單元, module이라고 주장했다. 이러한 견지에서 볼 때, 언어는 독립적인 단원으로 간주되어, 언어 구조나 현상은 기억이나 사고와 같은 일반 인지 과정의 관찰과 분석의 틀로 설명될 수 없는 것으로 간주된다. 예를 들어, '영이는 순이의 앨범에서 자기의 사진을 발견했다'와 같은 문장을 읽을 때, 한국어를 모국어로 사용하는 원어민들은 이 문장의 재귀대명사 '자기'가 오직 '영이'만을 지칭할 수 있고, '순이'는 선행사가 될 수 없다는 것을 안다. 촘스키학파의 견지에서 보면, 이와 같은 문법적 판단은 화자와 청자의 마음 저변에 공유하는 본성적이고 보편적인 문법 지식이 있기 때문에 가능한데, 이러한 지식은 오직 언어 영역에 국한된domain-specific 매우 추상적인 언어 지식으로 일반 인지 능력과 차별화된 단원이다. 예를 들어, 특히 1980년대 이래 가장 많이 연구된 현상인 대명사 구조는 결속 이론binding theory으로 거듭 연구되었는데, 결속 이론에서 핵심적 조건인 성분통어C-command는 사고나 기억력, 정서 같은 일반 인지 능력으로 설명될 수 없는 독립적인 언어 단원으로 규정되어 있다.

결속 이론은 특히 '그' 혹은 '그녀'와 같은 대명사나 '자기' 또는 '자신'과 같은 재귀대명사, 그리고 생략된 명사(예: 'ø 바빠서 영이는 뛰었다'에서 ø 부분)가 어떻게 해석될 수 있는지에 대한 원리다. 성분통어는 문장 내 명사구들 간의 계층적 관계를 나타내는데, 예를 들어 앞의 문장의 재귀대명사는 어떻게 설명되는지 잠시 보기로 하자.

1

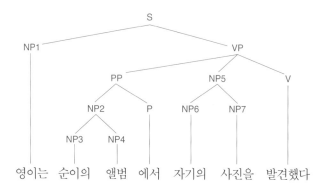

영이는 　순이의 　앨범 　에서 　자기의 　사진을 　발견했다

    결속 이론에서 재귀대명사의 선행사는 문장 내에서 주어, 목적어 등(논항^{argument})의 기능을 해야 하고, 또한 재귀대명사를 성분통어 해야 한다. 여기에서 성분통어는 문장 내의 명사구들 간의 위계적^{hierarchica} 관계에 대한 충족 조건으로서 다음 **2**와 같이 설명할 수 있다.

2 – 성분통어

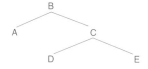

위 그림과 같이 문장 성분 A 위에 성분 B가 있으면, 즉 B가 A를 '지배'하면 A는 B가 '지배'하는 다른 성분을 모두 성분통어 한다.

    예를 들어, 성분통어 조건에 의하면, **2**에서 A는 B가 지배하는 C, D, E를 모두 성분통어 하지만, E와 D는 A를 성분통어 하지 않는다. E를 지배하는 C가 A는 지배하고 있지 않기 때문이다.

그럼, 결속 이론과 성분통어 조건이 대명사의 선행사가 찾는 문제를 어떻게 해결하는지 보기로 하자. 결속 이론에 의하면, 선행사는 재귀대명사를 성분통어 해야 한다. 그렇다면, 여기에서 중요한 문제는 1에서 선행사 후보인 NP1 '영이'와 NP3 '순이'가 재귀대명사 NP6 '자기'를 성분통어 하는지의 여부다. 1의 각 성분들 간의 지배 관계를 살펴보면, NP1('영이')은 위에 S가 있으므로, S의 '지배'를 받고, 이 S는 또한 재귀사 NP6('자기')의 위에도 있으므로 NP6도 지배하고 있는 반면, NP3('순이') 바로 위의 NP2는 NP6('자기')의 위에 있지 않으므로 NP6를 지배하지 않는다. 바로 앞에서 관찰했듯이, NP1은 NP2와 달리 NP6를 성분통어 한다. 따라서 결속 이론에 따르면, NP1 '영이'는 재귀사 NP6의 선행사가 되어야 한다. 이 예측은 한국어 원어민들의 직관을 옳게 반영하고 있음을 알 수 있다.

실제로, 결속 이론은 1980년대 이래 꾸준히 여러 나라의 대명사 현상을 보편적으로 설명하는 원리로 부각되었으며, 이러한 동향에 힘입어 촘스키는 성분통어 구조가 인간 본성적인 보편 지식으로서 오직 언어 영역에 특수적인 단원language-domain specific module이어서 다른 일반 인지적 과정에 의해 삼투될 수 없는 문법 지식 단원이라고 주장하게 되었다. 즉, 마치 선천적으로 주어진 심장이나 팔다리가 햇빛이나 영양소 등 환경적 요소의 자극을 받는다고 해서 다른 신체기관으로 변질될 수 없듯이, 성분통어 조건도 언어 외적인 일반 인지 능력이나 환경적 요인에 의해 어떤 질적인 변화도 줄 수 없는 언어 영역 특수 단원이라는 것이다. 즉 언어 능력은 '언어 장기language organ'와 다름없는 개념으로 이해되어야 한다는 것이다. 이러한 안목은 촘스키의 '심성주의mentalism' 또는 '심리적 실재주의psychological reality'의 핵심을 표방하는데, 여기에서 실재주의란 인간의 보편적 언어 능력, 언어 지식competence이 마치 가슴, 손발, 날개 등의 신체 기관과 해부학적으로 유사한 일종의 '장기'와 같다는 일원론monism을 의미한다. 이러한 촘스키의 사상은 심성적 현상들을 행동behavior으로 환원시킴으로써 철저한 육체 중심적 일원론을 발전시킨 스키너의 행동주의와 큰 대조를 이룬다.

한편, 심리철학자 제리 포더Jerry Fodor, 1935~는 언어 지식을 '언어 장기'와 같은 단원으로 비유한 촘스키의 입장에 동의하지 않는다. 포더는 촘스키가 제안한 '장기'로서의 일원론적 언어 단원 개념에 대해 문제를 제기했다. 촘스키와 달리 포더는 명제적 내용을 언어의 핵심 구조로 다루는데, 예를 들어, '영이는 기쁘다'의 문장은 '영이는 기쁘다는 것을 안다/믿는다'와 같은 명제가 담겨 있다는 점을 특히 주목한다. 포더는 언어 단원이 마치 신체의 장기와 같은 언어 장기로 간주되려면 신체 장기에도 언어 장기처럼 명제적 내용 같은 구조가 담겨 있어야 하는데, 촘스키의 접근 방법에는 이 문제에 대한 설명이 불투명하다고 지적했다.

기본적으로 포더는 명제적 내용이 담긴 언어의 심성 세계를 오직 통사적 문법 구조로만 특정적으로 단원화하려는 촘스키의 접근 방법에 반대한다. 포더는 문법 구조 자체를 부정하지는 않지만, 언어 행동을 야기하는 저변에는 문법 구조뿐만 아니라 지각 체계의 역할이 무엇인지, 그리고 그 체계가 어떻게 운용되는지에 대한 설명이 필요하다고 주장했다. 즉 포더는 지각 체계(예: 시각, 청각, 후각 등 오감)가 전혀 고려되지 않은 상태에서 오직 언어 지식에만 의존하는 촘스키의 설명은 충분하지 않다는 점을 역설한 것이다. 포더는 산술 지식에 빗대어 다음과 같이 논평한 바 있다. 만약, 우리가 '7 더하기 12는?'이라는 질문에 대해 '19'라고 말할 수 있다면, 이러한 답변을 가능하게 한 우리의 산술 능력이 설명되어야 한다. 그럼 어떻게 설명할 수 있을까? 한 가지 방법은 7, 12 등 여러 숫자에 대해 알고 있는 우리의 산술 지식을 참고로 해서 설명을 시도하는 것이다. 그러나 포더는 지적 능력(예: 성분통어, 산술 지식 등)을 단순히 지식의 '내용'만으로 설명하려는 시도는 불충분하다고 주장한다. 인간 지식의 심성 세계는 명제적 내용(예: '7에 2를 더하면 9이다' 등)뿐만 아니라, 이 내용을 가능하게 하는 지각 체계가 함께 설명되어야 충분히 이해될 수 있다는 것이다. 즉, 포더의 단원 가설은 정보의 내용content(지식)과 지각 체계의 기능function 구조를 각각 독립적인 단원으로 인정한다는 점에서 촘스키와 크게 대조적이다. 그럼, 포더의 지각 단원성의 특징을 잠시 살펴보기로 하자.

포더의 지각 단원의 캡슐성

포더의 지각 중심의 단원 이론은 1970년대 이래 꾸준히 보고되는 무수한 언어 처리 실험 결과를 배경으로 한다. 포더는 말소리 처리가 실시간으로 신속하게 또는 즉시 강제적으로 처리되는 현상이 설명되어야 한다고 역설했다. 예를 들어 윌리엄 마슬렌윌슨 William Marslen-Wilson의 실험 결과를 보면, 단어의 따라 말하기shadowing 는 단어가 들리기 시작한 후 250밀리세컨드(ms) 안에 이루어진 다. 즉, 피험자들은 단어의 초성 몇 개의 음소만 파악되면 즉시 단어 전체를 재인한다는 것을 관찰했다. 예를 들어, 단어 '컴퓨 터'([kəmpyutəɾ])는 총 9개의 음소로 구성되어 있는데, 초두에 있는 [kəmpy]만 들려도 이 단어가 재인될 가능성이 있다는 얘기 다. 포더는 언어 처리의 신속성은 오직 언어 과제에만 특정적으 로 요구되는 독립된 처리 체계가 있기 때문이라고 가정했다. 마 치 무엇인가 손에 만져질 때 닿은 부분이 사물의 표면이라는 것 을 감지하지 않을 수 없듯이, 우리는 어떤 말소리[예: '겨울' ([kyəul])]가 들릴 때 단순히 이 소리의 음향적, 음성적 특징에만 주의 집중하려고 아무리 노력해도 그 말소리의 의미를 파악하지 않을 수 없는 경험을 한다. 포더는 이러한 현상은 말의 재인을 가능하게 하는 실시간적인 시각, 청각 등 지각 체계의 기능이 자 동성 또는 강제성mandatory을 띤다는 것을 시사한다고 제안했다. 아무리 노력해도 말소리가 휘파람 소리나 소음으로 들리지 않는 것을 보면, 말소리의 통사적, 음운적, 의미적 정보뿐만 아니라 소리 재인을 중재하는 발성 기관과 청각, 시각 등 언어 처리에 필수적인 지각 체계가 어떻게 구성되어 있는지 검토할 필요가 있다는 것이다.

　포더는 지각 체계의 신속성과 강제성(자율성)은 지각 기능의 캡슐성encapsulation과 영역 특수성specificity에서 비롯된다고 제안했다. 예를 들어, 시각 체계는 망막의 원추세포cone와 간상세포rod 등의 변환기^{transducer}로 시각 정보를 계산 처리하여 신경 신호로 변환시켜 두뇌에 입력할 뿐이다. 청각계는 오직 청각 기능을 담당하는 변환기인 고막에 의해서만 청각 정보(예: 노랫소리, 지하철 소음, [kəmpyutər] 등)가 처리되어 두뇌에 입력된다. 즉 시각이나 청각 대상(예: 사물, 음악 등)에 관련된 개인의 과거 경험이나 지시에 의해 전혀 영향을 받지 않는다는 것이다. 결과적으로, 이와 같이 지각 체계의 영역마다 특수하게 신경 신호로 변환되어 두뇌에 전달된 입력 정보$^{input\ system}$들은 인지의 다른 부분으로부터 격리되어 있어, 각 체계 밖의 어떤 정보도 이용할 수 없도록 밀봉되어 있다(캡슐화). 포더는 심리학에서 자주 거론되는 유명한 뮐러리어 착시$^{Müller-Lyer\ illusion}$를 사례로 든다. 흥미롭게도 이 착시는 실제로 두 선을 측정해 길이가 둘 다 동일하다는 것을 알게 된 후에도 여전히 그림에서 A의 길이가 B보다 길게 보인다. 포더는 이렇게 착시가 교정되지 않는 것은 시각 단원의 캡슐화로 설명할 수 있다고 했다. 즉 우리의 시각 입력 체계는 시각적 변환기를 통해 우리의 마음(뇌)에 시각 자료를 전달하는 처리 과정에서

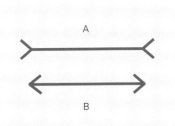

뮐러리어 착시 사례

우리의 사전 지식이나 경험, 시각계 외의 타 지각 체계(청각, 후각 등)의 영향으로부터 완전히 독립되어 마치 캡슐처럼 작동한다는 것이다.

이 논의에 암시되어 있듯이, 포더의 지각 단원성은 단순히 고막을 통한 하위 음성적 수준의 정보뿐만 아니라 심성어휘집^{mental lexicon}의 표상 구조^{representation}인 상위 수준의 정보도 포함된다. 심성어휘집이란 한마디로 '내 머릿속의 어휘 사전'이다. 심성어휘집의 역할에 대해 포더는 심리언어학계에 널리 알려져 있는 '음소 회복 효과^{phoneme restoration effect}' 실험 결과를 사례로 들어 설명했다. 이 실험에선 예를 들어 단어 'legislature'([lédʒislèitʃər])의 앞부분 'legi'([lédʒi])와 뒷부분 'lature'([léitʃər])를 따로 녹음한 후, 두 음소군 사이에 있는 's'([s]) 자리에 [s] 소리 대신 기침 소리를 녹음해 연속적으로 들려주면 음향적으로 [lédʒi-기침 소리-lèitʃər]로 들리게 될 것이다. 그런데 실험 결과에 의하면, 이 연속음을 듣는 피험자들은 기침 소리를 단순히 배경 소음으로만 들을 뿐, 실제로 기침 소리 대신 생략되었던 's'([s])를 포함한 원래의 온전한 단어 'legislature'([lédʒislèitʃər])를 재인하게 된다고 한다.

이러한 실험 결과에 대해 포더는 다음과 같이 설명한다. 주어진 자극에 잡음이 있을 때 발화된 음성 정보가 어느 정도 파악되었는지의 여부에 상관없이 피험자의 심성어휘집에서는 '최상의 짝'을 찾기 위한 검색이 이루어질 것이라고 전제한다. 이 전제에 따르면, 위와 같이 중간에 잡음으로 한 단어가 두 부분으로 나뉜 경우라 할지라도, 심성어휘집에서는 '[lédʒi]로 시작하여

[léitʃər]로 끝나는 대충 10개 정도의 음소로 조합된 단어를 찾아라'와 같은 지침이 발동되면서 탐색이 시작된다는 것이다. 음소 회복 효과의 경우에는 고막과 같은 변환기에 의해 청각 정보가 신경 신호로 전환되어 두뇌로 가는 과정에서 심성적 어휘 분석이 또한 동시에 발생해야 하므로, 이 경우의 입력 자료는 하위 수준과 상위 수준의 탐색에 의한 입력 체계가 생성되는 것이다.

포더와 촘스키의 심성주의

포더가 의미하는 심성어휘집은 촘스키의 내적 언어와 기본적으로 동일한 개념이다('만남3' 참조). 가령, '나는 사과를 샀다', 'Love is everywhere'의 문장에 포함된 '사과'와 'Love'의 심성어휘집에는 각 단어의 음소들 [sakwa]와 [lʌv], 〔+N, +count, +OBJ〕, 〔+N, -count, +SUBJ〕등 각 어휘의 문법 자질이 '내적 언어'로 표상되어 있을 것이다. 심성어휘집이나 내적 언어에는 인간 언어에서만 발견되는 보편적 특징이 담겨 있다. 예를 들면, 많은 언어에서 관찰되는 구 구조 구성 요소인 S, NP, VP, N, V 등 순환 범주들과 음운 규칙(동화 작용, 유성음화 등) 등의 보편적 문법 단원들이 그것이다. 심신^{mind-body} 이원론에 반대하는 포더와 촘스키에게 이러한 단원들의 본유성 논제는 자연스럽게 두뇌 신경 구조와의 관계로 연결될 수 있다. 여기에서 포더와 촘스키의 차이가 있다면, 포더는 촘스키와 달리, 언어 지식의 단원성뿐만 아니라 지각 체계가 변환기를 통해 정보적으로 캡슐화되는 과정에서 지각 단원들의 흐름이 두뇌신경학적으로 어떠한 제약을 받는지에 대한 문제를 보다 중요한 과제로 다룬다는 점이다. 촘스키는 앞에서 언급한 바와 같이 언어의 보편 지식을 '언어 장기'로 다루기는 했지만, 언어의 단원성이 두뇌신경학적 특징으로 설명될 가능성에 대해서는 1960년대 현대 언어학이 출범하여 현재에 이르기까지 부정적인 입장을 보인다.

'마음'의 고향

인간의 마음에 관련된 인지적 문제는 언어 외에 감각, 정서, 기억, 산술 능력 등 여러 과제들이 있다. 그런데 마음 이론에서 언어가 거듭 화두로 떠오르는 것은 아마 인간의 언어야말로 인간을 다른 동물과 차별화할 수 있는 가장 분명한 특징이기 때문일 것이다. 1959년에 심리학과 언어학계에 큰 소용돌이를 일으킨 촘스키의 《언어행동론》 서평은 주로 인간의 언어 능력과 언어의 구조에 대한 스키너의 행동주의적 견해에 대한 반론이었다.

다윈이 즐겨 읽었다는 워즈워스의 시 중에 〈바라볼 때면 가슴이 뛴답니다My Heart Leaps Up When I Behold〉라는 시가 있다(우리나라에선 일명 '무지개'로도 알려져 있다).

저의 가슴은 뛴답니다
하늘의 무지개를 바라볼 때면.

그건 저의 삶이 시작되었을 때도,

그리고 이제 성인이 된 지금에도 그렇지요.

나이가 지긋이 든 후에도 그럴 것 같아요.

아니면, 그땐 제가 떠나는 날이겠지요.

아이는 어른의 아버지!

그리고 저는 저의 삶이 매일매일

자연의 경애로 가득하면 좋을 것 같아요.

워즈워스, 〈바라볼 때면 가슴이 뛴답니다〉(1802)

이 시에서 우리는 자연과 어린 시절로 돌아가 영원한 행복을 추구하고 싶어 하는 워즈워스를 발견한다. 어쩌면 인간은 회귀하려는 본능이 있는지도 모르겠다. 동물들의 '귀소 본능'처럼 말이다. 보통 우리는 우리를 낳아준 어머니의 품으로, 우리의 고향으로 왜 가려고 하는지 묻지 않는다. 아마 너무 당연한 인간의 본능이기 때문일 것이다. 그런데 이제 여정이 거의 끝나려 하니 던지고 싶은 질문이 생긴다. 우리 마음의 고향은 어디일까? 우리는 어떻게 우리의 마음을, 언어 능력을 갖게 되었을까?

지금까지는 주로 우리의 현재 모습에 관한 학자들의 얘기를 다루었다. 이제 잠시, 600만 년 전 갈림길에 서 있었을 유인원의 마음으로, 현생 인류의 마음이 살던 '고향'으로 날아가보자. 이 장에서는 과거의 우리, 과거의 인간의 마음으로 여행해보겠다.

**타잔과
제인**

에드거 버로스^{Edgar R. Burroughs, 1875~1950}의 소설 〈타잔
^{Tarzan}〉 시리즈를 영화화한 작품 중 가장 큰 인기를
얻었던 1932년 영화 〈타잔^{Tarzan the Ape Man}〉에서 타잔
은 처음으로 인간(제인^{Jane})을 만나 다음과 같은 대화를 나눈다.

|제인| 나 보호해줘서 고마워.

|타잔| 나?

|제인| 나 보호해줘서 고맙다고.

|타잔| (제인을 가리키며) 나?

|제인| 아니. '나'는 나한테만 '나'야.

|타잔| (제인을 가리키며) 나.

|제인| 아니, 너한테는 내가 '너'야.

|타잔| (자신을 가리키며) 너.

|제인| 아니야. (잠시 생각에 잠긴다) 난 제인 파커야. 알겠니? 제
       인, 제인이라고.

|타잔| (제인을 가리키며) 제인, 제인.

|제인| 그래, 제인. 그런데 넌?

|타잔| (응시한다)

|제인| (자신을 가리키며) 제인.

|타잔| 제인.

|제인| (타잔을 가리키며) 그리고 넌?

|타잔| 타잔. 타잔.

|제인| 타잔…….

물론 이 대화는 영화의 한 장면이다. 그런데 처음으로 타인과 의사소통을 시작하는 타잔의 몸짓과 언어 표현이 매우 사실적이어서 인상에 남는다. '가리키기'나 '응시하기', '눈 맞추기' 등의 몸짓이나 1인칭, 2인칭 대명사의 사용, 그리고 이름을 이용해 자신을 소개하는 명명하기^{naming} 등의 행동은 실제로 아동 언어 발달의 초기 단계와 무척 흡사하기 때문이다. 심리학자인 마리아 레제스티^{Maria Legerstee}는 '가리키기'와 '눈 맞추기'는 인간의 본유적 능력으로, 실제 이러한 몸짓을 하지 못하는 아동은 마치 자폐아같이 나중에 의사소통 능력이 저하되거나 아예 발달되지 않는다고 논의한 바 있다. 실제로 정상적으로 성장하는 아기의 경우, 사전에 훈련을 받지 않아도 눈 맞추기와 가리키기 행동을 하며, 이 행동이 정상적으로 발달되어야 언어 습득이 이루어질 수 있다.

타잔은 가리키는 행동을 어떻게 할 수 있게 되었을까? 정글에서 함께 성장한 침팬지에게서 배웠을까? 실제로 침팬지는 인간처럼 어릴 때 가리키기 행동을 할 줄 알까? 퍼트리샤 그린필드^{Patricia M. Greenfield}와 수 새비지럼보^{Sue Savage-Rumbaugh, 1956~}의 연구에 따르면, 침팬지와 보노보는 훈련 과정을 통해 가리키기 행동으로 사물을 지칭하는 것^{referential pointing}을 학습할 수는 있지만, 오직 사람들과의 의사소통에서만 사용할 뿐, 다른 침팬지와 의사소통할 때는 사용하지 않는다는 것을 발견했다. 이러한 사실은 이미 분트도 논의한 바 있다. 즉 유인원은 사물을 지칭하기 위한 가리키기 몸짓을 선험적으로는 하지 못한다는 의견이다.

2007년 5월 8일자 미국 《국립과학원회보^{Proceedings of the National}

❖침팬지는 의사소통을 위해 얼굴 표정과 음성 신호, 각종 몸짓을 사용한다. (《이코노미스트^{The} Economist》 2007년 5월 3일자)

Academy of Sciences, PNAS》에 침팬지 34마리와 보노보 13마리를 16개 월간 관찰한 에이미 폴릭^{Amy S. Pollick}과 더발의 연구 내용이 실렸 다. 이 연구에서는 침팬지와 보노보의 의사소통에 18개의 얼굴 표정 및 음성 신호, 31개의 몸짓이 사용되고 있다는 것을 발견 했다고 한다. 얼굴 표정과 음성 신호는 모든 동물들이 거의 유 사한 방법으로 사용하고 있었으며, 놀라운 점은 동일한 형태의 몸짓이 맥락에 따라 서로 다른 의미로 사용되고 있었다는 결과 다. 특히 보노보는 침팬지보다 훨씬 더 융통성 있는 방법으로 여러 표현들을 조합해 사용하고 있었고, 침팬지와는 달리 음성 신호와 얼굴 표정을 함께 사용할 수 있었다고 한다. 이것은 침 팬지와 보노보 언어도 인간의 언어처럼 구조적으로 보편적이고 또한 형태와 의미의 관계도 자의적^{arbitrary}일 가능성을 시사한다. 이 논문에서 폴릭과 더발은 몸짓과 표현을 다양하게 조합할 줄 아는 보노보의 능력은 인간 언어의 진화와 관계가 있을 것이라고 관망했다.

언어의 기원에 관한 문제는 특히 2001년 FOXP2가 발견되기 전후부터 지난 10여 년 동물학뿐만 아니라 신경과학, 문화인류학 등 여러 인접 학문의 전문가들 사이에서 자주 거론되고 있다. 따라서 최근에는 인간 마음의 기원에 대한 논의가 있을 때마다 언어의 기원이 핵심 토의 과제로 손꼽힌다. 1996년에 처음 개최되었던 세계적인 '언어의 진화Evolution of Language' 학회가 2008년에 벌써 7회째 개최되는 것을 보아도 언어의 기원에 대한 논의가 얼마나 활발한지 알 수 있다.

동물의 언어는 인간의 언어와 어떠한 관계가 있을까? 우리의 조상은 누구일까? 우리는 언제부터 말을 하기 시작했을까? 인간과 가장 유사한 DNA를 가졌다는 침팬지의 의사소통 방법은 인간 언어의 기원에 대해 무엇을 시사할까? 폴릭과 더발이 결론을 내렸듯이 인간의 언어는 과연 보노보의 의사소통 체계와 긍정적인 관계를 지닐까? 스키너와 촘스키는 이 문제에 대해 어떤 입장을 갖고 있는지 정리하면서, 동시에 스키너, 촘스키와 의견을 달리하는 핑커와 레이 재킨도프Ray Jackendof, 1945~의 의견을 들어보기로 한다.

스키너학파
언어 환경 및 구성원과의 상호 작용

행동주의를 주창한 스키너와 본성주의를 주창한 촘스키는 인간의 마음에 대한 입장도 크게 다르다. 스키너의 행동주의에는 우리가 사는 환경과 우리의 경험을 통한 강화가 핵심적인 역할을 하는 반면, 촘스키의 본성주의에서는 선험적 지식이 필수적 요건이다. 이와 같이 인간의 마음에 대해 서로 대조적인 입장을 보이는 두 학파는 당연히 언어의 기원에 대해서도 서로 대조적인 견해를 보인다.

스키너는 언어 행위에 대해 다음과 같이 정의를 내리고 있다.

> 언어 행위는 언어 환경에 의해 ― 소속된 집단 구성원들의 관례에 합당한 방법으로 상호 교류하는 사람들에 의해 ― 형성되고 유지된다. 이러한 관습 및 화자와 청자의 상호 작용은 결과적으로 여러 현상들을 낳게 되는데, 언어 행위의 규정들이 결정될 때는 바로 이런 현상들이 신중히 고려된다.　　스키너, 《언어행동론》

이 글에 잘 나타나 있듯이, 스키너가 의미하는 언어 행위에는 언어 환경과 집단 구성원들과의 상호 작용이 핵심적 요인이다. 실제로, 다년간 침팬지 언어를 연구한 새비지럼보에 따르면, 유인원 연구원들은 동물에게 언어를 훈련시킬 때 늘 언어 환경을 풍부하게 조성한다. 또한 그린필드와 새비지럼보가 발견했듯이, 침팬지와 보노보는 상대하는 대상이 누구냐에 따라 선택적으로 가리키기 행동을 했다. 즉 가리키기 행동은 사람들과 의사소통할 때는 해도 유인원들과 소통할 때는 사용하지 않았다는 것이다.

유인원들의 실험 자료는 스키너에게 중요한 단서가 된다. 스키너의 관점에서 볼 때, 가리키기 행동은 집단의 관례에 의한 상호 교류를 통해 형성되기 때문에 그 행동이 동일한 집단 구성원들에게만 사용된 것은 충분히 예측된 결과이기 때문이다. 그런데 여기에 한 가지 생각해야 할 것이 있다. 스키너의 행동주의 이론은 인간의 행동을 설명하기 위해 제안되었던 것인데, 위에서 본 바와 같이 과연 인간의 행동에 대한 이론을 동물 실험으로 검증할 수 있는 것일까? 새비지럼보와 같은 스키너학파의 반응은 긍정적이다. 예를 들어 침팬지와 보노보의 가리키기 행동 훈련은 스키너의 요건인 '환경'을 풍부하게 조성한 조건에서 실시되었으며, 스키너의 예측에 합당한 결과가 확인된 것은 행동주의의 핵심인 언어 환경, 관례, 구성원과의 상호 작용 등을 지지한다는 입장이다. 또한 침팬지들이 언어를 자생적으로 습득하지는 못해도 일단 훈련을 시키면 동일한 집단의 구성원들이 자주 사용하는 수화를 습득할 수 있다는 것은 이미 1970년대에 여러 연구를 통해 관찰되었다. 만약 이러한 스키너학파들의 지지와 언어 행위에 대한 스키너의 개념이 타당하다면, 침팬지와 보노보 등 유인원들의 언어 행위 자료는 인간 언어의 기원을 추적하는 과제에 중요한 단서로 간주될 것이다.

촘스키학파
회귀성의
진화에 대한
새로운 논의

촘스키는 유인원의 언어 습득 자료에 관련해 스키너와 판이하게 다른 입장을 취한다. 촘스키는 '언어 환경'의 역할에 대한 스키너의 주장을 다음과 같이 비판했다.

아이들이 어른들의 주의 깊고 차별화된 강화와 '세심한 관심'을 받아야만 언어를 배울 수 있다는 것은 사실과 전혀 다르다. 새로운 구조를 겨우 사용할 수 있을 정도의 초보 단계가 아직 습득되지 않은 아이들도 이미 아주 어릴 때부터 단어를 모방할 줄 알고, 부모들은 아이들이 너무 어린 나이라고 해서 의도적으로 더 가르치려는 시도를 하는 것도 아니다. 확실히 분명한 것은, 아이들은 발달 단계가 조금씩 높아지면 새로운 구조를 이용해 적절한 발화를 시작하고 또한 이해할 줄 안다는 사실이다. 이런 능력은 환경으로부터의 '반응'과 완전히 독립된 과정으로서 아이들 마음에 언어의 근본적인 원리가 분명히 있을 것이라는 것을 시사한다. 촘스키, 〈스키너의 《언어행동론》 서평〉, 《랭귀지》(1959)

이미 여러 차례 논의되었고 위의 인용문에도 잘 나타나 있듯이, 스키너와 촘스키는 기본적으로 갓 태어난 아동의 마음의 구조와 기능에 대해 완전히 다른 견해를 갖고 있다. 촘스키는 스키너와는 대조적으로 환경이 지식의 형성에 그리 핵심적인 역할을 하지는 않는다고 생각한다. 이미 태어나면서 아동의 마음에는 새로운 언어 구조를 창출하게 하는 기본적인 과정이 선험적으로 담겨 있다고 전제하고 있다. 또한 마음의 구조는 무척 복잡하게 되어 있기 때문에 마음의 행동을 적절히 설명하기 위해서는 외부의 현상적 자극external stimulation과 과거의 경험뿐만 아니라 마음에 입력된 정보와 이 정보의 반응이 체계화되도록 처리할 수 있는 내면적 선험 지식inborn structure 및 유전적으로 결정된 성숙maturation 과정이 필요하다고 주장했다.

스키너의 행동주의에 반대한 선험주의의 주장으로 미루어 짐작할 수 있듯이, 촘스키학파는 유인원 실험에서 관찰된 자료들은 인간의 마음 또는 언어의 진화 문제에 대해 어떤 실마리도 제공하지 못한다는 견해다. 하우저, 촘스키, 피치의 논의를 보건대, 촘스키학파의 부정적 견해는 언어의 개념을 다음의 두 측면에서 조명한다는 점에서 스키너학파와 크게 대조를 이룬다. 촘스키학파는 첫째, 동물의 언어는 인간 언어의 중요한 특징인 창의성, 무한한 표현력open-ended power, 계층 구조(예: 회귀성)가 절대적으로 결여되어 있다는 점을 강조한다. 둘째로, 언어는 소리를 매개로 하는 의사소통 체계이지만, 의사소통의 피상 구조의 저변에는 내적 언어 구조가 토대로 잠재하고 있다는 점이다. 따라서 촘스키학파는 인간과 유인원의 모방 능력을 언어의 학습을 위한 중요한 요인으로 인정하기는 하지만, 인간 언어의 주요한 특징인 무한한 표현력과 창의성은 침팬지 언어의 특징과 질적으로 차이가 너무 크기 때문에 유인원의 언어 실험으로 인간 언어의 기원을 탐구하는 데는 문제가 있다고 주장한다.

학계에 잘 알려져 있듯이, 실제로 촘스키는 1959년에 스키너의 《언어행동론》 서평을 쓴 이래 최근까지 거의 40년 이상 언어의 기원과 진화의 문제에 대해 한 번도 자신의 입장을 분명하게 밝힌 적이 없다. 촘스키가 하우저, 피치와 함께 《사이언스》에 발표했던 논문은 현대 언어학이 시작된 이래 처음으로 언어의 진화 문제를 구체적으로 다룬 글이었다(이 논문의 저자를 언급할 때 저자들 이름의 이니셜을 따 'HCF'로 통칭하곤 한다). 이미 언급했듯이, HCF는 선험적인 언어 능력을 넓은 의미와 좁은 의미, 즉

FLB와 FLN으로 나눠 언어의 진화 문제를 모색했다는 점에서 몇 년간 꾸준히 많은 학자들의 흥미를 끌고 있다. 이 논문에 의하면, 위에서 언급한 인간 언어의 특징인 무한한 표현력과 창의성은 좁은 의미의 선험 지식, 즉 FLN의 결과다. FLN은 구체적으로 언어의 회귀성을 의미

침팬지도 자신의 믿음을 토대로 다른 유인원의 마음을 읽을 줄 안다는 사실을 밝힌 토마셀로

하며 이 특징은 유일하게 인간의 언어에서만 발견된다. 즉 FLN은 유인원, 새, 돌고래 등 동물들의 언어 체계와는 질적으로 차별화되는 특징으로 구별된다. FLB는 감각운동 체계(예: 발성), 개념-의도 체계(예: 추상명사의 의미 이해), FLN의 계산 처리 체계(예: 타동사 다음의 명사는 목적어로 처리)를 포함하는 넓은 의미의 선험 지식으로서, 한정된 언어 요소들로부터 무한한 표현들이 생성되도록 하는 언어 능력이다.

HCF에 따르면, FLN과는 달리 FLB 능력은 인간의 언어뿐만 아니라 유인원이나 다른 동물들의 언어에서도 발견될 수 있다. 예를 들면, 아이린 페퍼버그Irene Pepperberg, 1949~가 연구한 앵무새는 발성 능력이 매우 뛰어나 영어 원어민의 말을 뛰어난 솜씨로 모방할 수 있고, 새는 동족끼리 서로의 발성을 인식할 줄 안다고 한다. 또한 유인원들은 사회 구성원이나 가족 구성원들 사이의 위계질서에 대한 개념이 분명하고, 동물들은 많은 경우 사물을 도구, 색깔, 모양, 수 등 기능에 따라 세분화할 수 있는 능력이 있다는 것이 밝혀졌다. 또한 최근 마이클 토마셀로Michael Tomasello,

1950~ 등을 중심으로 한 막스 플랑크 연구소의 인지과학자들은 침팬지도 자신의 믿음을 토대로 다른 유인원의 마음을 읽을 줄 안다는 것을 관찰했다. 이러한 자료는 동물들에게도 감각운동 체계와 개념-의도 체계 등 FLB 능력이 작용하고 있음을 시사한다.

　그렇다면 촘스키학파는 인간의 언어에서만 발견된다는 FLN 능력이 어떻게 진화되었다고 생각할까? HCF가 가정하는 것처럼 회귀성이 유일하게 인간의 언어 또는 산술 능력에만 있는 특징이라면, 언어의 진화 문제는 어떻게 접근해야 할까? HCF는 이 논문에서 FLN이 언어 외의 다른 동기에 의해 진화되었을 가능성을 배제하지 않는다. 예를 들어, 수数, 항해, 사회적 관계 등 여러 다른 이유로 언어가 진화했을 가능성이다. 왜냐하면 수도 언어처럼 한없이 새로운 수를 생성할 수 있는데, 이러한 수의 특징은 언어의 회귀성에서 창출되는 무한한 언어 표현의 양상과 흡사하기 때문이다. 그런데 수전 캐리Susan Carey의 연구에 의하면, 침팬지들의 산술 능력이 아동의 산술 능력에 비해 훨씬 저조할 뿐만 아니라, 침팬지는 많은 시간의 훈련 과정이 요구되는 반면, 아동은 1, 2, 3 또는 4 정도까지만 익히면 나머지 정수는 빠른 속도로 학습한다. 이 사실을 토대로 HCF는 다음의 가능성을 제안한다. 즉 회귀성은 인간의 경우 오직 언어 영역만을 위한 능력으로 진화된 반면, 침팬지의 경우에는 언어나 숫자 능력보다는 항해 같은 영역만을 위한 특수한 능력으로 진화되었을 가능성이다. 또한 HCF는 회귀성이 인간의 인지 세계에서는 유인원의 경우보다 비언어적 체계(예: 수, 사회적 관계 등)에 훨씬 더 생산적으로 확장되어 사용되는 점을 들면서, '언어 특수적인' 회귀성의 진화는 언어 외의 다른 동기에 의해 발생했을 가능성을 하나의 가설로 제안하고 있다. 여기에서 HCF가 의미하는 '가능성'은 이른바 '탈적응exaptation'이라고 해 어떤 특성이 어떤 특정의 용도로 진화했다가 후에 전혀 다른 용도로 이용되는 경우를 의미하는 것 같다. 가령, 탈적응으로 설명되는 사례 중에 펭귄의 날개가 있는데, 펭귄은 원래 비행을 하던 조상으로부터 진화했지만 지금은 날지 못하고 날개를 수영하는 데 이용한다.

HCF의 논문을 보면, 최소한 진화 문제에 대해서는 촘스키의 견해가 크게 달라진 것을 알 수 있다. 촘스키는 과거에 "언어 지식은 오직 언어 영역에 특정적인 원리에 의해서만 그 기능이 발휘된다"라고 주장했었다. 그러나 HCF가 언어 특수적인 회귀성이 언어 외의 다른 동기에 의해 발생했을 가능성을 논의한 것은 분명히 새로운 시도이지만, 회귀성의 진화에 대해 어떤 선택적 압력selective pressure이나, 아니면 신경 체계의 재구성 과정에서 초래된 부산물by-product 등에 의해 이루어졌을 것이라고만 간략히 논의하고 있기 때문에 구체적인 설명은 부족하다. HCF의 논문이 발표된 이후, 핑커를 위시한 많은 학자들은 HCF의 불분명한 견해에 대해 비판하기 시작했다.

핑커와 재킨도프

HCF의 2002년 《사이언스》 논문은 많은 학자들의 관심을 불러일으켰다. 그 이유로는 여러 가지가 있는데, 우선 앞서 언급했듯이 이 논문은 촘스키가 하우저, 피치와 함께 현대 언어학이 시작된 이래 공식적으로는 처음으로 언어의 영역 특수적 능력이 언어 외의 다른 일반 인지 능력에서 진화되었을 가능성을 열어놓은 새로운 시도였기 때문이다. 다음으로, 언어 특수 능력을 '회귀성'으로 규정하면서 좁은 의미의 FLN은 오직 인간의 언어에만 있다고 제한했지만, 회귀성이 언어 외의 다른 인지 체계에서도 관찰된다는 것을 인정한 것도 새롭다.

촘스키학파의 새로운 입장이 논문에 게재되면서 심리학자, 언어학자 등 인지과학자들은 회귀성의 언어 영역 특수성domain-specificity 여부와 언어의 진화가 탈적응의 경우인지의 여부에 대해 거듭 논의했다. 진화심리학자인 핑커와 언어학자인 재킨도프는 기본적으로는 탈적응 현상과 개념을 인정하는 반면, 언어의 회귀성이 어떻게 항해 능력을 위한 체계나 산술 인지 능력에서 진화될 수 있을지에 대해 의문을 제기한다. 왜냐하면 항해 능력 체계에는 언어에서처럼 한없이 새롭고 창의적인 표현 같은 결과가 없기 때문이며, 또한 언어의 회귀성은 인간 언어의 보편적 특징이지만 수의 회귀성은 그런 보편성이 훨씬 약하기 때문이라는 것이다. 따라서 핑커와 재킨도프는 만약 탈적응 과정이 있었다면, 언어의 회귀성은 항해나 산술 능력과 같은 영역 일반적 특수성에서 진화되었다기보다는, 오히려 반대로 언어만의 영역 특수적인 회귀성이 언어 외적인 일반 영역의 범주로 진화되었을 가능성이 더 크다고 주장한다.

이 밖에, 핑커와 재킨도프는 언어의 회귀성에 대해 HCF와 동의하지 않는 부분이 있다. 이들은 회귀성이 언어뿐만 아니라 언

어 외의 일반 인지 체계에서도 발
견된다는 점에 대해서는 모두 동의
하지만, 두 가지 면에서 크게 다르
다. 첫째, HCF는 회귀성을 인간 언
어의 가장 핵심적인 유일한 특징으
로 간주하는 반면, 핑커와 재킨도
프는 음절, 형태소, 단어의 의미 자
질, 일치 현상 등을 예로 들면서,

탈적응 현상을 인정하는 반면 언어의 회
귀성에 의문을 제기하는 재킨도프

언어에는 회귀성이 없는 현상도 많이 있다는 점을 강조한다. 예
를 들면, 'John plays tennis(존은 테니스를 친다)'에서 'plays'의
3인칭 단수 접미사 '-s'는 주어 'John'의 의미적 자질(3인칭, 단
수)과 일치하는데, 이런 일치 현상에서는 회귀성이 관찰되지 않
는다는 것이다.

　둘째, 핑커와 재킨도프는 HCF와 달리, 인간의 언어가 시각이
나 사회적 관계 등 미리 존재하던 회귀적 체계가 탈적응 같은 과
정에서 진화되었을 가능성이 거의 없다고 생각한다. 핑커와 재킨
도프는 언어의 통사 구조가 단순한 회귀적 표상 구조로 바로 실
시간으로 사용되는 것이 아니라, 회귀적 의미 표상, 회귀적 의사
소통 의도, 위계적 음운 신호 등과 다각적 사상寫像(매핑mapping) 과
정을 거친 후에 사용되는 것이며, 또한 이러한 회귀적 체계들은
언어 공동체에서 사용되는 표현을 실시간으로 경험하면서 학습
되기 때문에 탈적응으로 설명하는 것은 문제가 있다고 반박했다.

　핑커와 재킨도프는 스키너의 행동주의나 경험주의에 동의하
지 않는 선험주의 학자들이다. 예를 들어, 핑커의 견해에 따르

면, 언어는 인간의 '본능'으로서, 복잡다단한 영역 특수적인 능력으로 이해하거나 의식적인 교육이나 노력으로, 또는 전래되는 문화적 유산으로 이해해서는 안 된다. 언어의 창조성과 무한한 생산성open-ended productivity, 보편성 등 언어의 기본적 자질에 대한 의견은 기본적으로 촘스키학파와 동일하다. 두 학파에게 인간의 언어는 마치 최소의 투자로 최대의 생산성을 꾀하는 경제적인 운용 체계다. 예를 들면, 단 몇 개의 단어만 가지고도 다양한 표현을 만들 수 있고, 단 몇 개의 자음과 모음만 있어도 여러 가지 음절 구조를 생산할 수 있으며, 이런 특징이 인간 언어에서는 보편적으로 관찰된다는 점에 대해 동의한다.

두 학파의 대립은 특히 언어의 회귀성과 진화 문제에 집중되어 있다. 이미 언급했듯이, 핑커와 재킨도프의 입장에서 보면 '회귀성'은 인간 언어의 특징의 일부에 불과하고, 또한 어느 날 갑자기 두뇌의 성장이나 형태의 법칙에서 비롯된 '부산물' 또는 '스팬드럴spandrel'로는 언어의 진화를 설명할 수 없다. 핑커의 표현을 빌려 표현하면, 마음은 여러 도구가 집합적으로 모여 있는 '스위스 군용 칼Swiss army knife'(우리나라에서는 흔히 '맥가이버 칼'로 통용된다) 같은 것으로, 마치 플라이스토세Pleistocene Epoch(인류가 발생한 신생대 제4기 전반기) 시대에 우리의 조상들이 그때그때 당면한 일을 완수하면서 형성된, 자연선택natural selection의 결실로 보아야 한다. 인간의 언어는 소리, 형태, 문장 구조, 담화 등 매우 다양한 특징과 복잡하면서 서로 독립적인 지식 구조가 담겨 있기 때문에, 어느 날 갑자기 인간의 두뇌에 변화가 생긴 부산물에 의해 진화가 발생했으리라는 가설은 언어의 본질을 반영하지 못한다는 것이다. 두 학파의 대립은 아직도 진행 중이다. 어느 학파의 의견이 타당할지의 여부는 앞으로 인간과 동물의 언어와 언어 습득을 좀 더 다양한 자료와 방법으로 상호 비교하면서 검토해야 할 것이다.

대화

TALKING

B. F. Skinner

언어 지식은 마트료시카?

최근 인지과학계의 화두는 '회귀성recursion'이다. 촘스키는 하우저, 피치와 함께 기고한 2002년《사이언스》논문에서 언어 구조의 '회귀성'을 재천명했다. 예를 들어, '영이는 [순이가 [내가 영화를 좋아한다]는 것을 안다]고 말했다'와 같이 세 개의 절로 구성된 문장을 보면, 명사구(예 : '영이', '영화'), 동사구(예 : '좋아한다', '안다'), 문장('내가 영화를 좋아한다') 등이 반복적으로 쓰인 것을 볼 수 있는데, 회귀성이란 이와 같이 동일한 구나 절이 회귀적·순환적으로 산출됨으로써 창의적으로 무한히 생성되는 언어의 특징을 의미한다. 이러한 견지에서 보면 언어 구조는 마치 네덜란드 판화가 에스허르Maurits C. Escher, 1898~1972의 1956년 작품 〈점점 더 작게Smaller and Smaller〉에서 볼 수 있듯이, 마치 겹겹이 덮여 있는 양파 껍질처럼, 또는 러시아의 원목 중첩 인형 마트료시카matryoshka 같은 복합적인 구조를 이루고 있다. 촘스키학파에 의하면 명사구, 동사구, 문장 등의 통사 범주의 '회귀성'은 인간 언

〈점점 더 작게〉에스허르

어에서만 보편적으로 관찰되는 통사 구조 체계로, 이런 순환적 구조는 선험적으로 습득되는 지식이다. 촘스키는 통사적 회귀성에서 비롯되는 인간 언어의 보편성, 생산성, 창의성, 선험성을 주목했으며, 그 결과 1950년대 말, 강화에 의한 반응 행동의 변화를 모색한 스키너의 조작적 조건 형성 이론과 정면으로 충돌하게 되었던 것이다.

인지 혁명 50주년을 맞이하는 2007년의 어느 날, 매우 특별한 대화의 장이 마련됐다. 스키너학파의 S교수와 촘스키학파의 C교수, 인지과학자 토마셀로 교수를 초대해 이야기를 들어보기로 했다. 이 모임을 보다 효율적으로 이끌기 위해 인지과학자인 K교수가 사회자 격으로 대화에 참여했다.

|K교수| 50여 년 전, 이른바 인지 혁명의 시대로 불리던 1950년대에도 아마 요즘과 비슷한 상황이었을까요? 요즈음 인간 본성에

대한 학자들의 주장이 놀라운 속도로 급변하고 있으며 또한 무척 도전적입니다. 1950년대 중반은 스키너, 촘스키, 브루너Jerome S. Bruner, 1915~, 밀러George A. Miller, 1920~ 등 여러 학자들이 인간의 본성, 언어 구조, 언어 능력, 기억 체계, 환경의 영향 등에 대해 다양한 생각들을 펼쳤던 시절이었고, 1960년대로 접어들면서 행동주의, 경험주의는 점차적으로 약화되어가고 있었는데요. 그 이후 지난 40~50년 동안은 본성주의, 심성주의mentalism가 다양한 학문의 흐름에 지대한 영향을 주었습니다. 그러면 본성주의를 주창한 촘스키학파의 의견부터 들어보겠습니다. C교수님, 말씀해주시죠.

|C교수| 네. 촘스키 교수는 2002년 《사이언스》 논문에서 '회귀성'이란 유인원이나 다른 동물의 언어에서는 찾아볼 수 없는 인간 고유의 특징이라는 점을 강조했습니다. 그런데 최근 이 주장에 대해 동의하지 않는 학자들이 있는 것 같습니다. 예를 들면, 핑커와 재킨도프 교수는 음절 구조 같은 음운 구조에는 회귀성이 없다고 하고, 또한 음악이나 예술 작품에서 엿볼 수 있는 회귀성을 예로 들면서 회귀성은 언어 영역에만 유일하게 적용되는 특징이 아니라고 얘기하고 있지요. 또한 대니얼 에버렛Daniel L. Everett, 1951~ 교수는 브라질의 마이시Maici 강가에 거주하는 원주민들이 사용하는 피라하Pirahã 말을 예로 들면서 회귀성이 관찰되지 않는다고 주장하더군요.

|K교수| 네. 2007년엔 《뉴요커The New Yorker》지와 온라인 과학자 포

럼인 에지^{Edge}(www.edge.org)에서도 피라하 말에 대한 학자들의 열띤 논의가 있었죠. 저도 에버렛 교수의 논문을 읽어보았습니다. 에버렛 교수가 이 자리에 없으니 제가 잠깐 언급을 하겠습니다. 예를 들어보자면, 영어에는 'John's brother's house'와 같은 표현이 있는데, 이 표현을 들여다보면 명사구가 거듭 순환적으로 반복되어 가령, NP4를 내포하고 있는 NP3를 NP1이 내포하고 있는 구조로 구성되어 있습니다.

[NP1 [NP2 [N John's]] [NP3 [NP4 [N brother's]] [N house]]]

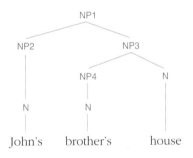

이 구조에 대해 촘스키학파에서는 NP가 반복해서 순환적으로 쓰였다고 표현합니다. 그런데 피라하 말에서는 'John's brother's house'라는 표현을 할 수가 없어요. 'John's house' 또는 'John's brother'라는 표현은 가능한데, 영어처럼 'John's brother's house'와 같은 표현은 불가능합니다. 이 영어 표현을 피라하 말로 하려면, 명사구를 'John has a brother. This brother has a house'처럼 두 문장으로 나누어서 표현하는 방법밖에 없으니까요. 그렇다면 피라하 말에는 회귀성이 없다고 생각할 수도 있을 것 같은데요.

|C교수| 물론 영어나 다른 언어에는 'John's brother'라는 표현보다 훨씬 복잡한 명사구가 사용되지만, 다른 언어보다 간단한 표현만 허용한다고 해서 회귀성이 없다고 할 수는 없지요. 가령, 'John's brother'의 경우, 'brother'라는 명사구가 'John's'라는 다른 명사구 안에 내포적으로 쓰인 것인데, 이와 같이 간단한 구조만 보아도 명사구가 반복되어 쓰이는 회귀성이 엿보인다는 점이 중요합니다.

|K교수| 네. 하나의 명사구 'brother'가 다른 명사구 'John's' 안에 내포되어 있으니까 회귀성이 있다고 보아야지요. 그런데 촘스키학파는 회귀성이 인간 언어의 생산성과 창의성을 가능하게 하는 도구라고 설명하고 있지 않습니까? 촘스키 교수는 1959년 이래 인간 언어의 특징으로 무한한 생산성을 늘 강조해왔습니다. 만약 회귀성이 인간 언어의 특징이라면, 무한한 생산성은 바로 회귀성으로 설명이 가능하겠지요. 그런데 피라하 말에서는 회귀적인 구조를 엿볼 수는 있는데, 문제는 회귀성이 다른 언어에 비해 비교할 수 없을 정도로 부족하다는 점입니다. 이 사실은 결과적으로, 표현의 생산성이 그만큼 부족하다는 것을 시사하는 것이 아닐까요?

|S교수| 에버렛 교수가 제시하는 사례를 보니까 피라하 말은 확실

히 다른 언어에 비해 회귀성과 생산성이 많이 부족해 보입니다. 그런데 그런 특징은 다른 언어에서도 볼 수 있습니다. 앨프리드 월리스Alfred R. Wallace, 1823~1913는 인도네시아 원주민 언어에 추상적인 개념이 부족한 것을 발견했고, 오토 예스페르센Otto Jespersen, 1860~1943은 하와이 원주민 언어도 현재 가시적인 사건 외의 것에 대해서는 표현을 하지 않는다는 점에 대해 보고한 적이 있습니다. 아무래도 현재 눈앞에 보이는 것만 묘사하다 보면 'I think that...'이나 'I guess that...', 'I suppose that...' 등과 같이 절을 회귀적으로 쓰는 표현들이 그만큼 덜 쓰일 수밖에 없었겠죠.

|C교수| 하지만 그렇다고 해서 이런 사례가 촘스키학파의 기본 가설에 반하는 예라고 생각하지는 않습니다. 왜냐하면 촘스키학파의 관점에서 보면, 이런 언어들은 인간 언어의 다양성을 증명하는 사례가 되기 때문에, 이런 언어의 다양성이 매개 변항화의 방법으로 어떻게 설명될 수 있을지 더욱 흥미진진한 탐구 대상으로 부각될 수 있다고 생각합니다.

|K교수| 그렇다면 가령 '회귀성의 매개 변항화' 같은 것이 될 텐데요. 이 문제는 아직 촘스키학파가 구체적으로 논의하지 않았죠? 제가 가상적으로 예를 든다면, 가령 영어, 아이슬란드어, 중국어, 한국어 같은 경우는 '회귀성이 풍부한' 언어([+recursion])로, 그리고 피라하 말이나 하와이 원주민들의 언어는 '회귀성이 부족한' 언어([-recursion])로 범주화되어, [+recursion] 언어는 추상적인 사고가 가능해 한국어의 안긴 문장(예: '선생님은 철수

가 착하다고 칭찬하셨다'에서 '철수가 착하다고')이나 영어의 보문절 (예: 'I think that Mary loves Tom'에서 'that Mary loves Tom') 등이 순환적으로 쓰이는 반면, [-recursion] 언어는 추상적인 개념이나 사건에 대해 논의하지 않아 그만큼 안긴 문장이나 보문절의 사용의 빈도가 무척 낮은 경우로 범주화될 수 있겠지요. 물론, 아직 촘스키학파가 피라하 말과 같은 언어에 대해 논평한 것을 보지 못했기 때문에 저 자신도 확신은 없습니다만, 일단 에버렛 교수 연구 자료들이 촘스키학파의 보편 문법의 부당성을 제시하는 반례로 간주해야 할지의 여부는 좀 더 생각해볼 가치가 있는 것 같습니다.

|토마셀로| 네, 저도 같은 생각입니다. 제 소견으로는, 피라하 말에 회귀성이 부재하다거나 부족하다는 것은 피라하 특유의 문화적 특징으로 설명될 수도 있을 것 같습니다. 따라서 촘스키학파와 달리 일반 인지 능력을 중요시하는 다른 학파에게 유용한 자료로 사용될 수 있는 귀중한 발견이라는 생각이 드는데요.

|K교수| 각 문화의 특수성을 고려하는 방법도 가능할 것 같습니다. 조금 다른 종류의 사례가 되겠습니다만, 19세기의 미국 시인 에드거 앨런 포^{Edgar Allen Poe, 1809~1849}의 서술시^{narrative poem} 〈갈까마귀 The Raven〉(1845)의 예를 들어보겠습니다. 이 시는 전반적으로 두운법과 운율 규칙에 맞춰 작성되었는데요, 시의 앞부분(5번째 연)에 "Deep into that darkness peering, long I stood there wondering, fearing, doubting, dreaming dreams no mortal

ever dared to dream before"를 보면, 'd'로 시작되는 단어들이 거듭 나오고 모든 동사의 어미가 '-ing'임을 알 수 있습니다. 포는 갈까마귀의 불길한 징조를 상징적으로 표현하고 시 전체의 분위기를 음울하게 하기 위해 두운법과 운율 규칙을 이용했다고 하는데요, 포가 의도했던 대로 만약 어떤 분위기나 감정이 모음이나 자음의 반복으로 유발될 수 있다면, 영어의 생산성은 영어의 음성 구조와 같은 언어 내적인 요인과 감정, 또 시의 분위기 같은 모종의 언어 외적인 일반 인지적, 문화 특수적인 요소가 상호 간에 긴밀한 관계를 나눔으로써 형성될 수 있다고 생각할 수도 있을 것 같습니다. 즉 각 문화 특유의 요인을 고려해 언어 외적인 설명을 시도하는 것이 불가능하지 않을 것 같다는 생각이 듭니다.

|S교수| 포가 〈갈까마귀〉에서 사용한 'deep', 'darkness', 'doubting', 'dreaming' 등의 단어들은 그 의미가 대개 부정적이거나 현실감이 부족한 느낌이 강하게 듭니다. 만약, 'd'를 초성으로 하는 단어들이 한국어보다는 영어 같은 언어에 특정적으로 관찰된다면, 이런 현상은 언어 보편적이라기보다는 한정된 언어나 문화에 국한된 언어·문화 특수적인 특징이라고 볼 수 있습니다. 이런 현상은 저희 스키너학파 입장에서 보면 당연하게 보입니다. 이미 스키너 박사가 1957년에 주장했듯이, 언어 행위는 언어 환경, 즉 소속 집단 구성원들의 관례에 적합한 방법으로 형성되고 유지되는 것이기 때문이지요. 스키너 박사가 1989년에도 거듭 강조했듯이, 우리들은 사전에 체험하지 않은 상태에

서는 실시간으로 반응을 보이는 것, 즉 느낌이나 생각을 표현하는 것이 불가능합니다. 왜냐하면 우리의 신체적 상태는 어떤 자극을 받을 때 반응하며, 우리의 반응이 어떤 보상을 받거나 또는 강화될 때, 변화될 수 있기 때문이지요.

|C교수| 그런데 자극, 반응, 강화 등의 개념이 제게는 명확하지 않습니다. 스키너 박사는 《언어행동론》에서 언어 행위를 "다른 사람들을 매개mediation로 해 강화된 행동"이라고 정의를 내리셨는데요, 제게는 이 정의가 너무 광범위해서 이해가 잘 되지 않습니다. 스키너 박사 말을 그대로 따른다면, 언어 행위란 스키너 상자에서 받침대를 누르고 있는 쥐, 양치질하고 있는 아이, 상대방을 피하고 있는 권투 선수, 차를 수리하고 있는 정비사 등 모든 행동을 포함할 수 있을 것 같습니다. 이렇게 너무 광범위하고 모호한 개념으로는 인간의 일반적인 언어 행위 중 무엇을 언어 행위로 간주하고 간주하지 않을지 판단하기가 무척 어려운 것 같습니다.

|S교수| 저희가 인간은 마치 스키너 상자 속의 쥐처럼 무조건 수동적이고 기계적인 반응 행동만 한다고 생각하는 것은 아닙니다. 인간은 스스로 행동을 일으키고 환경을 통제하면서 환경에 의해 통제받는 유기체로서 의지적이고 자발적인 조작 행동을 많이 합니다. 우리는 놀이를 하거나, 양치질을 하거나, 책을 읽을 때 그때마다 어떤 자극에 의해 자동적으로 유발되는 행동을 하는 것이 아니라, 과거에 그런 행동이 어떤 종류의 보상을 받았으

며 어떤 반응이 긍정적으로 강화되었는지에 따라 우리의 행동은 변화될 수 있습니다.

|C교수| 스키너 박사의 이론대로라면, 인간은 과거에 긍정적인 보상을 받아 강화되어 자신의 언어 행위를 자발적으로 한다고 가정할 수 있습니다. 그럼, 가상적으로 사례를 한 가지 들어보겠습니다. 지금 길을 걸어가는데 누군가가 제게 '차 조심하세요'라고 말한다면, 저는 순간적으로 차를 피하기 위해 보도 위로 뛰어갈 겁니다. 스키너학파라면, 저의 '보도 위로 뛰어가는 행동'은 조작 행동으로, 궁극적으로는 '차 조심하세요'라고 말한 화자의 언어 행위를 긍정적으로 강화시키는 역할을 한다고 가정할 것이라는 생각이 드는데요, 바로 여기에 제가 잘 이해하지 못하는 점이 있습니다. 그런 조작 행동은 구체적으로 어떤 자극, 어떤 반응, 어떤 강화에 의해 어떻게 발생하는 것인지요?

|K교수| 시카고 대학의 발달심리학 데이비드 맥닐David McNeill 교수의 연구를 보면, 부모는 아동이 발음을 잘못하거나 문법적 오류를 범해도 언어적인 면에서 수정해주기보다는 아동의 말 내용의 사실 여부에 대해 평언을 하거나 수정하는 경우가 대부분이고, 또한 설령 부모가 아동의 발음이나 문법을 수정해준다고 해도 아동은 부모의 수정 사항을 별로 귀담아듣지 않았다는 사례가 있었는데요, 두 교수님들께서는 이런 사례를 어떻게 설명하실지 궁금해집니다.

|S교수| 촘스키학파는 강화의 작용이나 근원에 대해 오해하고 있는 것 같습니다. 제 말은 항상 누군가가 옆에서 강화한다는 게 아니고, 환경 상태가 강화한다는 것입니다. 제가 어떤 물건에 도달하는 것을 배울 때 자극을 받아들여서 근육 동작이 개입되고, 그 결과로 연필을 쥐거나 보도 위로 뛰어가는 것이지요. 이런 행동 양식에 대해 누가 일일이 옳고 그름을 이야기해주는 것이 아니고요. 즉, 실은 세계가 나를 강화하는 것이지요. 촘스키학파는 바로 이 점을 간과하고 있는 것 같습니다.

|C교수| 인간의 언어 행위는 스키너 박사가 1950년대 이후 거듭 주장한 것처럼 주변 사람들의 자극이나 강화와 같은 환경적 요인에 의해 서서히 학습된다고 생각하지 않습니다. 주변 환경은 아동의 학습을 촉진시키기에는 본질적으로 너무 빈약합니다. 촘스키 교수는 이것을 종종 "자극의 빈곤"이라는 표현으로 대변하곤 했었지요. 맥닐 교수의 사례도 바로 '자극의 빈곤'을 입증하는 좋은 경우입니다. 놀랍게도 인간은 빈곤한 자극에도 불구하고 누구나 만 3~4세에 이미 의사소통을 95% 이상 성취할 수 있는 능력을 발휘합니다. 주변에서 일일이 가르쳐주지도 않을 뿐 아니라, 주변에서 들리는 말은 종종 완벽한 문장과 발음으로 일관되어 있지도 않은데, 이렇게 빈곤한 자극에도 불구하고 그렇게 복잡하고 추상적인 구조로 되어 있는 언어를 인간은 어떻게 그렇게 빠른 속도로 언어를 습득할 수 있을까요? 이 문제는 종종 '언어 습득의 논리적 문제'로 대변되기도 했는데요, 이 문제가 해결되지 않는 한 경험론을 비롯한 어떤 다른 설명도 설득력

이 있을 수 없을 것입니다. 우리 주변의 대화를 잘 들어보면, 말을 잘못 시작할 때도 있고, 급히 말하려다가 발음이 잘못되어 중간에 말을 중단해 수정할 때도 있고, 문장 중간에 갑자기 다른 문장으로 바꿔 시작하는 일을 적지 않게 경험합니다. 이런 종류의 말에는 완벽한 문장으로 된 구조를 찾기 힘들기 때문에 이와 같이 질적으로 풍부하지 못한 빈곤한 자극을 토대로 아동이 언어를 단 3~4년 만에 습득한다는 것을 자극과 강화의 방법으로 어떻게 설명할 수 있을까요? 이러한 연구 결과에 따르면, 아동의 주변에서 경험하는 자료는 언어 행위를 촉진하기에 너무 빈약하다는 결론에 도달하게 됩니다.

|K교수| 그런데 아동이 주변에서 접하는 언어에 대해서는 학자들마다 입장이 많이 다른 것 같습니다. 아동의 경험 자료를 면밀히 연구한 유명한 자료로 캐서린 스노Catherine E. Snow와 찰스 퍼거슨Charles A. Ferguson, 1921~1998이 펴낸 《아이들에게 말 걸기Talking to Children》(1977)라는 책을 들 수 있는데요, 아이들을 키우는 부모들이나 주변 성인들이 아이들과 대화할 때는 특히 발음을 분명히 하면서 말도 천천히 조심스레 하고, 또 아이들의 발달 수준에 맞는fine tuning 말투, 예를 들면, '강아지'를 '멍멍이'로, '밥'을 '맘마'로 등등, '엄마 말motherese'이라고 불리는 표현을 자주 함으로써 아동의 이해력을 증대시키려는 시도가 있다는 보고가 많이 있습니다. 이런 자료는 맥닐이 보고한 자료와는 또 다른 '엄마 말'인 것 같습니다.

|C교수| 물론 우리는 어린아이와 대화할 때 다른 성인들과 대화할 때처럼 말을 하지는 않을 것 같습니다. 따라서 스노와 퍼거슨이 소개한 '엄마 말'은 존재한다고 믿습니다. 그런데 MIT의 케네스 웩슬러Kenneth Wexler 교수가 이미 오래전인 1980년에 지적했듯이, 엄마 말과 같이 일부러 어색할 정도로 또박또박한 말투, 또는 지나치게 느린 말투는 오히려 성인의 일반적인 언어 표현과 여러 면에서 다르기 때문에 그런 경험적 자료는 아동의 언어 습득을 위한 이상적인 모델이 되지 못할 가능성이 크다는 것이 문제입니다. 보다 근본적인 문제의 핵심은 과연 경험적 자료의 어떤 특정한 요인이 아동의 언어 행위를 어떻게 자극하고 촉진하는지에 대한 구체적인 설명이 없다는 점입니다. 가령, 영어의 관계절과 의문문의 습득 문제에 대해 논의해볼까요? 예를 들어, 영어를 모국어로 하는 아동은 만 2세 이후 4~5세까지도 누구나 'went'를 'goed'로, 'brought'를 'brung'으로 말하는 등의 실수를 합니다. 그런데 'Is [the man who is tall] e nice?'를 'Is [the man who e tall] is nice?'로 말하는 것과 같은 실수는 하지 않는다는 거죠(여기서 'e'는 'empty'를 줄인 말로, 'is'가 문장 앞으로 이동하기 전 원래 있었던 자리를 표시함). 촘스키 교수가 1980년 논문에서 논의했듯이, 행동주의의 강화 이론이 옳다면, 관계절을 배우는 영어권 아동들은 학습 과정 중 어느 시점에서 'Is [the man who e tall] is nice?'와 같은 문장은 비문법적인 문장이라는 학습을 통해 거듭 강화되었기 때문이라는 설명이 가능해야 합니다. 그런데 문제는 아동들은 그런 오류를 범하지 않는다는 사실이지요. 그런 오류를 범하지도 않으니 실시간적인 학습이나

오류 수정을 체험할 최적의 기회가 없다는 점이 문제의 핵심이고, 바로 이 문제가 '자극의 빈곤' 문제의 사례가 됩니다. 그럼, 그러한 핵심적인 경험 없이 아이들은 어떻게 해서 그렇게 완벽한 문장을 구사할 수 있을까요? 이 문제는 바로 생득론으로 설명할 수 있습니다. 즉 인간은 명사구('the man'), 동사구('is tall'), 또는 최소 문장('the man is tall') 같은 요소가 거듭 회귀하는 성질을 선험적으로 알기 때문이지요. 회귀성은 인간의 언어에서는 모두 보편적으로 관찰되는 언어 능력입니다.

|**토마셀로**| 저는 경험의 역할에 대해 촘스키학파와는 크게 다른 시각으로 접근합니다. 경험의 역할에 대해 좀 더 적극적으로 또는 좀 더 긍정적으로 생각한다고 할까요. 즉, 저는 아동이 어떤 오류를 하지 않는지에 대한 관심보다는 아동이 어떤 경험 자료를 접할 수 있는지에 대한 관심이 더 큽니다. 예를 들어, 2002년 제프리 풀럼^{Geoffrey K. Pullum, 1945~}과 바버라 숄츠^{Barbara C. Scholz} 교수가 발표한 연구에 따르면, 영어권 아동들은 실제로 주변에서 관계절과 의문문이 포함된 성인의 자료를 많이 경험할 수 있습니다. 아동은 주변에서 듣고 자라는 올바른 문장을 토대로 그런 구조의 담화 맥락과 화행 기능을 깨달으면서 의미 화용적인 습득을 한다고 가정할 수 있을 것 같습니다.

|**C교수**| 그럼, 영어를 습득하는 아동이 가령 'Is [the man who is tall] nice?'를 제대로 습득하려면 아동은 어떤 담화 맥락과 화행 기능에 민감하게 반응해야 할까요? 촘스키 교수의 이론에서

는 이런 구조를 습득하려면 아동은 문장 앞으로 이동한 be동사 'is'가 주어구('the man who is tall')의 be동사가 아니라 전체 문장, 즉 주절의 동사였다는 것을 깨달아야 하는데, 이런 통사적 지식은 아시는 바와 같이 담화 맥락이나 의미 화용 구조가 아닙니다. 저도 청자와 화자가 의사소통하는 동안 이 세상에 대한 많은 지식과 추론 과정을 통해 상대방의 의도를 파악하는 처리 과정이 필요하다고 생각합니다. 그렇지만 이런 처리 과정은 FLB, 즉 넓은 의미의 언어 능력에 속할 뿐 의문문과 같은 통사적 지식은 설명할 수 없다고 생각합니다. 통사 구조에 관한 문법 지식은 오직 인간만이 생득적으로 갖고 태어나는 회귀성에 의해 발현될 때 습득될 수 있는 FLN, 즉 좁은 의미의 언어 능력입니다. 인간의 언어에만 있는 FLN의 습득을 FLB과 같이 일반 인지 능력으로는 설명할 수 없다고 생각합니다. 회귀성은 마치 유전학적 특질로 진화된 '심성 기관'과 같은 성질의 지식 체계로서, 유일하게 인간 고유의 생득적 지식입니다.

|토마셀로| 저같이 용법에 기반한 접근usage-based approach을 이용하는 학자들의 의견은 촘스키학파 학자들과는 매우 다릅니다. 저희는 문법화 과정을 문화·역사적 과정으로 볼 뿐, 유전적 과정으로 보지 않습니다. 즉, 인간의 언어는 오랜 세월 동안 다양한 의사소통 상황에 적응하면서 거듭 수정되고 축적되면서 진화 과정을 겪었을 것이라고 생각합니다. 따라서 아동의 언어 습득은 순환성처럼 FLB 같은 통사 구조보다는 실시간으로 늘 관찰 가능한 의미 화용 기능이 토대가 되어 이루어질 것이라고 전제하는 것이지요.

|K교수| 그렇다면 토마셀로 교수님처럼 용법에 기반한 접근 방법을 주장하시는 학자들은 '자극의 빈곤' 문제, 즉 'Is [the man who tall] is nice?'와 같이 비문법적인 문장이 실제로 환경에서 발견되지 않는다는 점, 따라서 잘못된 표현에 대한 어른들의 가르침이 부족할 것이라는 점 등 두 가지 '빈곤'의 문제가 문제 되지 않겠지요? 다시 말하면, 교수님의 입장에서 보면, 아동들은 문법적으로 옳지 않은 문장을 올바른 형태로 배워야 하는 부담이 없는, 즉 '역학습의 문제unlearning problem'가 발생하지 않는 것이지요?

|토마셀로| 그렇지요. 앞에서 언급했듯이, 풀럼과 숄츠 교수가 관찰한 경험 자료들은 오히려 '자극의 풍요'를 암시합니다. 물론 그렇다고 해서 저희의 접근 방법이 스키너 박사의 행동주의나 경험론적 사고를 지지하는 것은 아닙니다. 저희는 언어 습득과 언어의 보편성에 대해 인간의 일반 인지적 처리general cognitive process 능력으로 설명하는 데 관심을 갖고 있습니다. 따라서 저희에게는 주어, 목적어, 회귀성 등과 같은 추상적인 통사 구조에 국한된 FLB 능력을 필요로 하지 않습니다. 예를 들면, 촘스키 교수의 문장 'Is [the man who is tall] nice?'에서 관계절 'the man who is tall'을 반드시 통사적 단위인 명사구로만 취급할 절대적 이유는 없다고 생각합니다. 명사구 대신, 그냥 어떤 참조 대상('the man')에 대한 사건, 또는 명제proposition로 봐도 됩니다. 일반 인지적 처리는 촘스키학파 학자들이 주장하는 FLB와 같이 영역 특정적인 능력과 상반되는 개념입니다. 제가 막스 플랑크 연구

소 동료들과 연구하는 일반 인지 능력 중에 마음 읽기intention/mind-reading, 구조 발견pattern-finding, 문화적 학습cultural learning, 유추analogy 등이 있습니다. 예를 들어, 다른 사람의 마음이나 의도를 읽는 행위는 인간에게 가장 기본적으로 필요한 일반 인지적 능력 중의 하나로서 인간이라면 누구나 보편적으로 공유하는 처리 능력입니다. 그런데 언어 장애를 가진 환자들 중에 자폐 장애를 가진 사람들은 상대방의 마음을 읽는 능력이 많이 부족합니다.

|K교수| 선생님 말씀을 들으니까 수학 천재로 유명한 대니얼 태밋이 떠오르는군요. 다들 알고 계실 테지만, 태밋은 어릴 때부터 자폐 장애가 있었는데요, 2007년에 나온 태밋의 자서전을 보면, '안녕, 잘 있었니?'와 같이 간단한 말에도 어떻게 반응을 보여야 할지 어려울 때가 많다고 얘기한 부분이 있습니다. 우리는 누군가 '오늘은 참 힘든 날이었어'라고 말하면 대부분의 사람들은 거의 자동적으로 상대방의 마음을 살피면서 '그래? 무슨 일이 있었니?', '그랬구나. 좀 쉬면 괜찮을 거야' 등의 반응으로 상대방을 동정하거나 마음을 달래는 표현을 하게 될 텐데, 이런 반응들이 태밋에게는 매우 어려운가 봅니다.

|토마셀로| 네, 그렇습니다. 마음 읽기는 언어 소통 과정에 직접적으로 영향을 주는 인지 능력입니다. 이와 같이 언어 소통에는 마음 읽기 능력 외에 문화적 학습, 유추 능력 등 여러 다른 일반 인지 능력을 필요로 하지요.

|**K교수**| 일반 인지 능력은 인간이라면 보편적으로 공유하는 능력이어야 할 것 같습니다. 그런데 잘 아시는 바와 같이, 인간의 언어는 다양한 특징을 가지고 있습니다. 예를 들면, 피라하 말은 한국어, 일본어, 영어 등 여러 언어들과는 많이 달라 보입니다. 이러한 언어 간의 차이에 대해 용법 기반 이론은 어떻게 접근합니까?

|**토마셀로**| 말씀하신 대로, 우리 인간 세계의 문화는 언어를 포함해 무척 다양하지요. 따라서 언어 간의 다양성이 충분히 발생할 수 있다고 봅니다. 예를 들면, 에버렛 교수가 발견한 피라하 말에는 과거 시제가 없는데, 저희들의 관점에서는 피라하 말의 자료가 영어, 중국어, 아이슬란드어 등 다른 언어와 크게 다르다는 사실이 아주 놀랍지 않습니다. 용법 기반 접근 방법에서는 인간이 공유하는 일반 인지 능력을 토대로 하지만, 동시에 언어가 담화상에서 화행적으로 문맥에 따라 어떻게 다르게 사용되는지를 중요시하기 때문에 언어 간의 유사성뿐만 아니라 다양성에 대해서 설명하려고 노력하지요. 이러한 관점에서 보면, 아동의 언어 습득은 촘스키학파가 말하는 본성적인 능력으로 설명할 필요가 없어지게 됩니다. 그렇다고 해서 저희가 맹목적 행동주의straw man behaviorism를 지지하는 것도 아닙니다. 저와 제 동료들은 인간을 창의적이고 능동적인 유기체로 보기 때문에 스키너 박사의 행동주의에 대해서는 기본적으로 다른 입장이지요. 이미 잘 알려져 있듯이 행동주의에서는 인간을 오직 경험에만 의존해 학습하는 수동적인 유기체로 전제했습니다. 인간의 일

반 인지적 능력이 어떻게 적극적으로 화행적으로 발달되면서 언어 소통 능력이 성취될 수 있는지에 대한 연구는 이미 많은 호응을 얻고 있습니다.

| K교수 | 말씀하신 대로 토마셀로 교수님의 일반 인지적 이론은 언어 영역 외의 다른 인지 능력을 기반으로 한다는 점에서 언어 고유의 지식 체계에만 의존하는 촘스키학파의 설명과 크게 다르게 보입니다. 언어 특수적 지식 체계에 반대하는 학자는 토마셀로 교수님 외에 브라이언 맥휘니[Brian J. MacWhinney, 1945~], 엘리자베스 베이츠[Elizabeth Bates, 1947~2003], 닉 엘리스[Nick Ellis], 윌리엄 오그레이디[William O' Grady] 등의 학자들이 있지요. 이분들은 이른바 창발론[emergentism]을 지지하는 학자들로 최근 활발한 움직임을 보이는 것 같습니다. 인간은 오랜 세월에 걸쳐 이 세상과 인간을 설명하려고 많은 노력을 하고 있습니다만, 아직도 여전히 다양한 이론과 가설 들이 서로 다른 각도에서 접근하고 있다는 사실을 거듭 느끼게 됩니다. 오늘 우리는 행동주의, 생득론, 용법 기반 이론 등 서로 다른 입장을 가진 학자들의 말씀을 들어보았습니다. 인간이란 과연 누구일까요? 아직 결론을 내릴 수는 없지만, 우리는 오늘의 토론을 통해 여러 흥미진진한 구체적인 질문들을 접할 수 있었습니다. 인간은 수동적일까, 능동적일까? 인간의 언어의 특징은 순환성이라는 언어 지식으로 집약될 수 있을까? 순환성이 있다면, 이 언어 지식은 과연 생득적인 능력일까? 인간의 언어 능력은 오직 언어 고유의 언어 내적 지식으로 설명되어야 할까? 아니면, 언어란 생득적인 일반 인지 능력을 기반으로 해 실제로 언

어를 화행적으로 경험하면서 창발되는 것일까? 이 질문들에 대한 이론들이 앞으로 어떻게 더욱 재미나게 펼쳐질지 함께 기대해봅니다. 여러분, 함께해주셔서 감사합니다.

본성 아니면 양육?

이분법적 사고의 함정

본성
만능주의

인간은 선천적으로 타고난 본성대로 성숙될까? 아니면 후천적으로 주어진 환경과 경험으로 학습하면서 양육되는 것일까? 본성이냐 양육이냐의 논쟁은 아직도 우리들 곁을 떠날 줄 모른다. 리들리의 《본성과 양육 Nature Via Nurture: Genes, Experience, and What Makes us Human》(2003)에 의하면, 인간의 능력은 유전적 특징에 의해 고정 불변되는 것이 아니라 환경에 반응하고 적응하면서 양육될 수 있다고 한다. 즉 리들리는 선천적 잠재 능력이 후천적 학습을 통해 발현될 수 있을 가능성을 시사하고 있는 것이다. 이런 관점에서 본다면, 본성과 양육은 서로 상반된 개념이 아니라 오히려 상호 보완적인 개념이 되며, 본성이냐 양육이냐의 이분법적 사고와는 무관해진다. 리들리의 시각에서 본다면, 이미 10여 년 전에 미국 언어학회의 회장이었던 릴라 글라이트먼Lila Gleitman, 1929~ 교수가 천명했듯이, 이제 현대

과학의 핵심 과제는 '본성이냐 양육이냐?'가 아니라 '어느 정도의 본성과 어느 정도의 양육이 서로 어떻게 상호 작용하느냐?'여야 한다.

　일반적으로 창의성, 영재성이라고 하면 타고난 신동을 생각한다. 그런데 최근의 보고에 따르면, 창의성은 후천적인 교육에 의해 충분히 개발될 수 있는 것으로 밝혀졌다. 즉 본성과 양육이 창의성과 영재성 발달에 서로 시너지 효과를 갖는 것이다. 외국의 경우, 영재 대상 학생을 광범위하게 규정하여, 수학이나 과학뿐만 아니라 언어, 지도력 등 다양한 분야의 영재성을 분류해 재능이 늦게 발현되거나 표현 능력이 부족해 쉽사리 창의성을 드러내지 못하는 아이들을 적당한 시기에 발견해 적절한 교육을 제공하려고 노력한다. 우리나라도 최근에는 만 12세부터 영재성이 엿보이는 학생들을 선발해 다년간 체계적으로 교육시키는 방법을 도입하고 있다. 그래도 '본성이냐 양육이냐?'의 이분법적 사고는 아직도 사회 곳곳에 만연해 있다. 한국 사회에서 흔히 발견되는 사례로, 자녀들의 대학 입시를 준비시키기 위해 이른바 명문대 입학생을 많이 배출시킨다는 고등학교나 학원들이 즐비한 강남으로 이주해야 한다고 믿는 학부모들을 들 수 있다. 우수한 학업 분위기가 조성된 학교나 학원과 같은 좋은 환경에서 보다 생산적인 경험을 하면 일류 대학에 진학할 가능성이 높을 것이라고 생각하기 때문이다. 그런데 최근 통계 분석에 의하면, 실제로 명문대 입학생들의 경우, 강남에 거주하는 학생들의 비율이 강북 거주 학생들보다 훨씬 더 높지는 않았다. 그러나 이러한 보도에도 아랑곳없이, 입시생을 자녀로 둔 학부모들은 여전히 이른바 명문 고등학교와 입시 교육을 잘하는 학원들이 밀집해 있다는 강남으로 이주하길 희망한다.

환경의 혜택을 누리려는 경쟁만큼 치열한 또 다른 극단적 행동은 똑똑한 유전자에 대한 열망에서 찾을 수 있다. 일류대 출신이나 사회적인 인지도가 높은 직종의 종사자들을 최고의 배우잣감으로 손꼽는 풍속은 어느 사회에서나 흔히 볼 수 있다. 똑똑한 아이를 출산하기 위해 많은 사람들이 정자은행의 최적 입지 조건으로 '캘리포니아 냉동은행California Cryobank' 같은 대형 정자은행을 택하고, 하버드, MIT, 스탠퍼드, 버클리 등 명문대생의 정자를 최고의 상품으로 꼽는다는 해외 소식은 우리에게 더 이상 생소하지 않다. 또한 최근에 출중한 지도력으로 큰 관심을 모았던 하버드 대학의 로런스 서머스Lawrence Summers, 1954~ 전 총장도 비슷한 발상의 발언으로 물의를 일으킨 적이 있다. 2005년 초, 서머스 전 총장은 여성의 수학과 물리학 등 기초과학 능력에 대해 "선천적으로 남성보다 열등"하다고 주장해 하버드 대학의 대다수 교수들의 빈축을 샀으며, 결국 총장직을 사임해야 했다. 서머스 전 총장의 발언은 단순한 하나의 해프닝이 아니라 남성과 여성의 역할에 대한 성차별을 초래할 수 있는 위험한 발언으로 풀이되었던 것이다. 이와 같은 일련의 사건들은 교육적 배경에 상관없이 많은 사람들이 아직도 지적, 사회적 성공이 선천적 능력에 의해 결정될 것이라고 믿는다는 것을 반영한다.

환경의 영향

타고난 두뇌의 능력이 풍부한 환경에 의해 변화될 수 있을 것이라는 추측은 이미 19세기에 조심스럽게 제기된 바 있다. 그러나 환경의 역할에 대한 적극적인 연구는 그로부터 약 100년 후부터 꽃을 피우게 된다. 1964년에 캘리포니아 대학 버클리 연구 팀장인 메리언 다이아몬드 Marian C. Diamond 가 풍요로운 환경에서 지낸 쥐의 두뇌가 변화되었다는 것을 실증적으로 증명한 것이다. 이 논문에 의하면, 고립되고 빈약한 환경에서 적은 자극을 받은 쥐보다, 넓은 공간에서 여러 종류의 장난감과 자극 장치로 가득 채운 풍족한 실험실 환경에서 성장한 쥐는 단 며칠 만에 두뇌가 해부학적으로 더 크고 무거웠으며 훨씬 더 영리했다. 즉 사고 기능과 관련된 소용돌이 모양의 회색 물질인 대뇌피질은 더 두꺼워졌으며, 신경세포(뉴런 neuron)의 크기와 복잡성이 증가되었고, 신경세포 사이의 정보 전달의 핵심인 가지돌기 dendrites (수상돌기)가 부분적으로 성장했으며, 또한 신경세포 사이의 회로망과 시냅스 synapse (신경세포가 다른 신경세포와 맞닿은 것)가 증가되었다고 한다. 이 연구는 풍족한 환경과 두뇌의 질적인 변화에 대한 적극적인 관계를 암시한다. 이후 쥐, 원숭이, 침팬지 등의 동물뿐만 아니라 인간의 두뇌도 연구해 거듭 입증된 연구 결과는 전 세계의 과학자들을 경악하게 했을 뿐만 아니라, 환경과 본성의 관계에 대한 과거의 생각을 바꾸는 결정적인 계기가 되었다.

두뇌 형성에 대한 환경의 영향은 21세기 학자들에게는 더 이상 새롭지 않다. 두뇌의 가소성 plasticity , 즉 예측 불가능한 환경에 적절히 반응하는 두뇌의 능력이 학계에서 받아들여진 지도 오래다. 또한 요즈음 학계에서는 환경이냐 유전이냐의 질문이 더 이상 흥미를 끌지 않는다. 사실, 이미 수십 년에 선천적 능력과 환경의 상호 작용을 암시하는 실증 자료가 학계에 가끔씩 보고되어왔다. 예를 들면, 유아들의 옹알이 속에는 여러 나라의 언어에서 보편적으로 사용되는 음소가 모두 포함되어 있는데, 모국어를 접하면서 모국어에 없는 음소는 점차적으로 사용하지 않게 되어 탈락되고 대신 모국어 특유의 음소들만 남게 된다고 한다. 이러한 발견은 선천적으로 타고난 아동의 지각 능력이 구체적인 언어 경험에 의해 재구성될 수 있다는 가능성을 암시한다.

최근 심리학과 언어학자들 사이에 큰 논란이 되었던 영어권 아동과 한국어권 아동의 동사 습득 문제도 환경과 본능의 관계에 대해 시사하는 바가 크다. 2000년 전후에 언어심리학자들은 한국어권과 영어권 아동들이 '끼다', '넣다', 'put in', 'put on' 등의 공간 동사들을 어떻게 습득하는지에 대한 비교 연구에 큰 관심을 보였다. 영어에서는 사람과 사물 간 공간의 차이를 'on', 'in' 등의 전치사로 구별하기 때문인지 공간 동사의 종류는 한국어에 비해 다양하지 않다. 한국어의 경우는 몸에 무엇을 어떻게 걸치느냐에 따라 '끼다'('장갑을 손에 끼다'), '신다'('양말을 발에 신다'), '걸치다'('코트를 등에 걸치다') 등 서로 다른 동사를 사용하는 반면, 영어는 이런 의미를 'put'이나 'wear' 등의 동사로 국한하면서 다양한 전치사를 사용할 수 있다. 멀리사 보어먼^{Melissa Bowerman}과 최순자 연구 팀은 한국어의 경우, 사물과 사물 또는 사람과 사물 간의 공간이 얼마나 꼭 끼는지^{tight} 또는 헐거운지^{loose}의 여부에 따라 '입다', '걸치다' 등의 동사를 쓰거나 '신다', '끼다' 등 서로 다른 동사를 사용한다는 사실을 관찰했다. 바로 이 사실에 착안해 한국어권과 영어권 아동을 조사한 결과, 한국어권 아동들은 만 2세 이전의 어린 나이에 이미 여러 종류의 공간 동사를 사용하고 있으나, 영어권 아동들은 '꼭 끼는 정도tightness'의 여부에 대한 민감도가 상대적으로 낮다는 것을 발견했다. 이 결과를 토대로 보어먼과 최순자는 아동이 성장하는 동안 주변에서 듣고 말하는 모국어 영향의 역할이 중요하다고 역설했다.

한편, 2004년에 엘리자베스 스펠키Elizabeth Spelke, 1949~ 하버드 대학 심리학과 교수는 《네이처Nature》지 논문에서 '꼭 끼는 정도'의 민감성에 대한 경험의 역할에 대해 매우 다른 견해를 피력해 보어먼과 최순자의 주장에 도전했다. 스펠키 팀은 한국어권·영어권의 아동 및 성인의 동사 습득과 '꼭 끼는 정도'에 대한 민감성을 연구한 결과, 영어권 피험자의 경우 '꼭 끼는 정도'에 대한 민감성은 약했지만, 실험 후 성인 피험자들을 개인별로 인터뷰했을 때는 '꼭 끼는 정도'를 인지하고 있었다는 점을 발견했다. 즉 이 성인들은 모국어인 영어에 대해서는 영어 동사의 특징에 맞게 반응했지만, 그렇다고 해서 한국어 동사의 특징인 '꼭 끼는 정도'에 대한 민감성을 인지하지 못하고 있는 것은 아니라는 것이다. 스펠키 연구팀은 이런 결과를 토대로 '꼭 끼는 정도'에 대한 민감성은 모든 아동에게 선천적으로 주어진 능력이며, 다만 영어처럼 그 성질이 필요하지 않은 언어를 습득하는 과정에서 이 능력이 어느 성장 시기에 둔감해질 수 있지만, 둔감해졌다고 해서 그 성질에 대한 선천적 능력이 사라지는 것은 아니라고 주장했다. 즉 스펠키 연구팀은 본성적 능력이 경험에 의해 지엽적으로 더욱 활성화되거나 또는 둔화될 수 있다는 점을 지적하고, 또한 특정 경험이 관찰될 경우, 경험 이전의 능력을 검토한 후에 경험과 본성의 관계에 대한 판단을 내려야 한다는 점을 강조한 것이다.

본성과 경험의 상호 작용

사실, 스키너학파처럼 마음은 텅 빈 상태로서 오직 경험 자극과 강인에 의해 '형성'된다는 주장을 따르지 않는 다른 학자들은 대부분 환경이냐 본성이냐의 이분법적 사고보다는 두 요인의 상호 작용을 강조한다. 예를 들면, 생물학자 에드워드 윌슨Edward O. Wilson, 1929~은 "각 개인은 환경, 특히 문화적 환경과 사회적 행동에 영향을 주는 유전자와의 상호 작용에 의해 형성된다"라고 상호 작용을 강조했으며, 동물행동학자인 리처드 도킨스Richard Dawkins, 1941~ 역시 "유전적 영향의 불가항력적 신비는 도대체 어디에서 온 것일까?"라고 언급하면서 환경과 본성의 관계를 간접적으로 암시한 바 있다. 사실, 촘스키의 매개 변항 이론도 타고난 보편 문법이 주변 환경에서 듣고 자라는 모국어에 의해 어떻게 매개 변항화되는지에 대한 이론이다.

지니와 언어의 결정적 시기

현대판 '야생아' 지니의 어린 시절

지니^{Genie}는 만 1년 8개월쯤부터 만 12세에 발견될 때까지 컴컴한 작은 방에서 갇혀 살았다. 낮에는 변기 의자에 묶여 있었고 밤에는 아기용 침대에서 잠을 잤으며, 한 공기도 안 되는 죽을 하루에 한 번만 먹었다. 같은 집에서 부모가 살고 있었지만, 아버지는 모기같이 아주 작은 소리도 견디지 못하는 정신병 환자였고, 어머니는 시각장애인으로서 가정 폭력의 피해자로 살고 있었다. 지니가 있던 방은 커튼이 항상 내려져 있었고 아무도 말을 건네는 사람이 없었기 때문에 지나가는 사람들이라도 볼 수도, 접촉할 수도 없었고, 말을 하거나 들을 기회로부터 완전히 차단되어 있었다.

지니가 만 12세가 되었을 때 지니의 어머니가 지니와 함께 집에서 탈출함으로써 비로소 지니는 세상에 알려졌다. 여러 학자들이 지니의 상태와 발달을 다년간 연구하기 시작했다. 처음 발견되었을 때 지니의 인지적 발달은 15개월 수준으로 판단되었지만, 한 달도 채 되지 않아 지니는 세상에 대한 호기심이 커졌고 감정 표현과 언어 능력도 서서히 발달하기 시작했다. 이후 1년 정도 지난 후에 지니의 인지적 능력은 만 6세 이상 수준으로 평가받을 정도로 급격한 성장을 했다. 실제로 언어 능력의 경우 지니는 발견된 지 얼마 되지 않아 한 단어로 말을 했으며, 반 년쯤 지난 후에는 200개 정도의 단어를 습득한 상태였고, 두 단어로 기본 어순(주어-동사-목적어)을 이용한 의사소통을 할 수 있었다. 어휘 외에 의문사, 부정어, 전치사, 복수형 어미, 소유격 대명사 등을 이용한 문장 구사력이 크게 향상되었다. 물론 이러한 요소가 문법적으로 완벽히 옳게 사용된 것은 아니었다. 예를 들면, '목욕탕에 큰 거울이 있다'의 뜻으로 'Bathroom have big mirror'라고 표현한 사례를 보면, 'bathroom'과 'mirror'에 복수형 어미가 생략되어 있고 'big mirror' 앞에 관사 'a'가 누락되어 있음을 알 수 있다.

그럼에도 이와 같은 지니의 인지적 발달은 초기 때와 비교할 수 없을 정도로 괄목할 만한 것이었다. 그러나 지니의 일반 인지적 수행 능력은 높은 수준으로 더 발달되었지만, 불행히도 언어 능력은 수년간의 언어 훈련에도 불구하고 두 단어 단계 정도에서 발달이 멈추었다.

언어 특정적 지식과 경험

1960년대에 에릭 레니버그^{Eric H. Lenneberg,} ^{1921~1975}는 언어의 습득이 만 12세 이전에 가능하다고 주장했다. 그 당시 의학계에서는 두뇌 기능의 지엽적 특수화^{localization}가 만 12세에 완성된다고 믿었다. 따라서 언어 습득도 만 12세 이후에는 어려울 것이라는 관측, 즉 언어 습득에는 결정적인 시기가 있다는 이른바 '결정적 시기 가설^{critical period hypothesis}'이 지배적인 영향을 끼쳤던 것이다. 위에서 보았듯이, 지니는 만 12세에 이 세상을 처음으로 경험하기 시작했으며, 당시에는 말을 한마디도 하지 못했다. 그렇다면 지니의 언어 지체는 레니버그의 주장대로 지니가 결정적 시기를 놓쳤기 때문일까?

촘스키학파의 선험론에 따르면 회귀성과 같은 언어의 특징은 인간에게만 유일한 선험적 지식이다. 이 언어 지식은 언어 외의 다른 인지 기능과 질적으로 차별화되는 언어 특정적 체계로 간주된다. 만 12세 이후 시작된 지니의 발달 양상을 보면, 지니는 언어 외의 인지 수행 능력은 높은 수준으로 발달했지만, 언어 발달은 두 단어 발화 정도에서 멈추었다. 촘스키학파는 지니가 언어 외적인 능력은 발달되면서 언어 발달은 왜 지체되었는지 설명할 수 있으려면 언어 특정적 지식의 능력을 전제할 때 가능하다고 주장할 것이다. 이 학파에 의하면, 언어 특정적 지식은 선험적 지식으로서 어느 시기가 되면 마치 우리 신체처럼 더 이상 발달하지 못하도록 계획되어 있기 때문이다. 한편 경험론자들의 시각에서 보면, 지니의 언어가 어휘와 어순에 대한 지식 이상으로 발달하지 못한 것은 지니가 다른 사람과 사물을 접촉하거나 또는 언어를 사용할 수 있는 환경에서 완전히 고립되었고 또한 영양 섭취가 적절하지 못했던 열악한 환경과 관계있을 수 있다. 이 책에서 이미 논의되었듯이, 경험의 역할은 선험론과 경험론에게 모두 중요하다. 즉 촘스키학파의 선험론자들에게는 경험이 언어 특정적인 보편 문법을 매개 변항화하는 데 핵심적인 역할을 하고, 경험론자들에게는 지식을 '형성시키는 효과'를 낳을 정도로 직접적인 역할을 한다.

마음 이론

지니의 언어 능력 지체에 대해 재킨도프는 경험과 언어 외적인 일반 인지 능력은 어휘와 영어의 주어-동사-목적어의 기본 어순이나 단어의 의미와 같은 지식을 형성하는 데는 도움을 주었겠지만, 회귀성과 같은 복잡하고 추상적인 언어 특정적인 선험적 지식은 결정적 시기를 놓쳐 성장하지 못했다는 관측을 제시한다. 그러나 재킨도프도 인정했듯이 이러한 관측이 가능하려면 다음과 같은 질문들이 먼저 해결돼야 한다. 만약 경험의 역할이 작용했다면, 지니는 만 12세 이후 접한 경험의 내용 중 과연 어떤 자질을 이용해 어휘와 어순을 습득했을까? 선험론자들이 주장한 언어 특정적 언어 지식이 민스키와 포더가 제안한 대로 언어 모듈과 언어 외의 일반 인지의 모듈과 상호 작용해 성장한다면, 결정적 시기는 언어와 언어 외적 인지 간의 상호 작용의 시기로 풀이해야 하지 않을까? 이 문제들은 지니의 언어 지체를 본질적으로 이해하는 데 핵심적으로 도움을 줄 것이다.

사이먼 배런코언Simon Baron-Cohen과 토마셀로의 연구에 의하면, 인간이 영장류 중 유일하게 언어를 사용해 의사소통할 수 있는 것은 오직 인간만이 '마음 이론' 능력을 획득할 수 있다는 사실과 관계있다. 마음 이론 능력이란 자신과 타인의 심성 과정mel process에 대해 의식하는 능력을 의미하는데, 이 능력은 '지각 능력', '바라기·요청하기', '정서 읽기' 등 다양한 인지 능력이 발달되면서 확립된다. 아동은 만 2세 전후에 자기가 자기 앞에 있는 사물들을 지각하듯이, 다른 사람들도 그들 주변에 있는 사물들을 지각할 것이라는 것을 이해하기 시작한다. 2~3세경이 되면 아이들은 다른 사람들도 자기처럼 사탕을 먹고 싶을 때 '사탕 주세요'라고 요청할 것이라고 이해한다는 것이다. 또한 이 나이의 아동은 자신의 기쁨과 슬픔을 이해하듯이 다른 사람들의 긍정적, 부정적 정서를 차별화해 읽을 수 있는 능력이 발달된다. 지각, 바람과 요청, 정서 이해 등의 유아 초기의 발달은 마음 읽기 능력의 발달에 핵심적이다. 만 4~5세가 되면, 아동은 이 세상에 이른바 '거짓 믿음false belief'이라는 것이 있다는 것을 이해하기 시작한다. 일례로, 제니퍼 젱킨스Jennifer M. Jenkins와 재닛 애스팅턴Janet W. Astington의 연구를 보자. 아이들은 유명한 일일 반창고 상표가 붙어 있는 상자를 열어 그 속에서 연필을 발견하면 깜짝 놀라는데, 그 아이들에게 아직 상자 속을 보지 못한 아이들은 상자 속에 무엇이 있을 것으로 생각하겠냐고 물으면, 만 3세 아동들은 '연필요'라고 응답을 하고 만 4세 이상의 아동들은 '일일 반창고요'라고 말했다고 한다. 즉 마음 읽기 능력이 습득된 아이들은 이 상자를 열기 전에 자기들도 '일일 반창고'라고 생각했던 것처럼, 다른 사람들도 비슷하게 생각할 것이라는 점을 잘 이해할 수 있다는 것이다.

하우저 같은 진화심리학자들에 의하면, 의사소통의 기본적인 동기는 자신이 지각해 얻은 정보를 다른 사람들에게 전달하는 데 있다. 정보를 전달받은 청자는 화자의 정보를 화자와 자신의 입장에서 그 정보의 의미를 해득할 수 있어야 하므로, 의사소통은 기본적으로 '심성 상태의 교환'이라고 할 수 있을 것이다. 이러한 교환이 성취되려면, 위에서 언급한 지각, 바라기·요청하기, 정서 읽기 등의 능력이 발휘되어야 가능할 것이다. 예를 들면, 수학 시간에 교사가 학생들에게 '2, 4는?'이라고 말한다면, 이 말이 미완성 문장이라고 하더라도 학생들은 '질문이 무엇입니까'라고 질문하지 않고, '8요'라고 주저없이 대답할 것이다. 이 경우, 교사와 학생들 모두 담화 상황이 학교이고 수학 시간이라는 점을 '지각'하고, 곱셈 관련 정보를 '바라고 요청하는' 화자(교사)의 의도에 청자(학생들)가 민감하게 반응해 정보를 줌으로써 청자와 화자 간에 긍정적 또는 정서적 경험을 하려는 '마음 읽기' 능력이 발휘되면 의사소통은 성공적으로 이루어질 것이다. 마음 읽기 이론이 옳다면, 이러한 능력이 부족한 언어 장애 아동은 화자가 어떤 정보를 원하는지 감지하지 못해 의사소통이 원만히 이루어지지 않을 것이다.

읽기 능력이 어떤 경험과 어떤 생득적 능력에 의해 발달되는지에 대해서는 학계에 잘 알려져 있지 않다. 마음을 읽는 과정에는 자기와 타인의 지각, 희망, 정서 등을 이해할 수 있는 다양한 능력이 포함되므로, 여러 능력에 대한 연구가 동시에 이루어져야 하는 어려움이 있는 것이다. 지니는 10여 년의 유년기 동안 세상과 사람들로부터 완전히 차단되어 있었으므로 마음 읽기에 필요한 지각, 정서 등을 경험할 수 없었다. 지니가 처음 발견되어 병원으로 이송되었을 때 지니는 단 한마디도 하지 못했고, 얼굴은 무표정이었다고 한다. 정서 발달과 사회성은 점진적으로 변화를 보였지만, 언어 발달은 정상 아동 만 2세 정도의 수준에 머물렀다. 지니는 정상적인 성장 단계를 밟지 못했으므로, 마음 읽기 능력이 부족했을 가능성이 크다. 또한 재킨도프도 지적했듯이, 적절한 식생활을 하지 못해 지니의 두뇌 발달에 많은 장애가 있었을 가능성도 있다. 지니의 언어 장애 문제는 마음 읽기와 직결된 일반 인지 발달에 대한 관찰과 함께 다루어질 때 실마리가 풀릴 것 같다. 이런 점에서 언어와 언어 외적 능력이 어떻게 상호 작용해 아동의 발달을 촉진시키는지에 대한 문제가 보다 깊고 넓게 연구되어야 할 필요가 있다.

에필로그

Epilogue

지식인 지도

플라톤

인식론

데카르트 라이프니츠

합리론

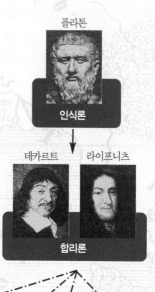

본성주의

촘스키 핑커

언어 능력 생득설

포더

지각 능력 생득설

피아제 토마셀로

인지 능력 생득설

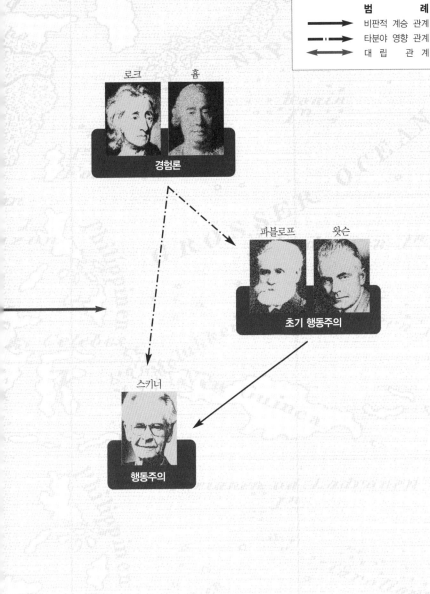

범 례
비판적 계승 관계
타분야 영향 관계
대 립 관 계

로크   흄
경험론

파블로프   왓슨
초기 행동주의

스키너
행동주의

지식인 연보

• 버러스 스키너

1904	미국 펜실베이니아 주 서스쿼해나 출생
1926	영문학으로 학사학위를 취득
1931~1936	하버드 대학 연구원으로 근무
1936~1945	미네소타 대학 전임교수 역임
1938	《유기체의 행동》 출간
1945~1948	인디애나 대학 교수 역임
1948~1974	하버드 대학 교수 역임
1948	《월든 투》 출간
1953	《과학과 인간의 행동》 출간
1957	《언어행동론》 출간
1961	《행동 분석(The Analysis of Behavior)》 출간
1968	《교수 기술(Technology of Teaching)》 출간
1971	《자유와 존엄을 넘어서》 출간
1976	《내 인생의 명세서》 출간
1990	백혈병으로 사망

Epilogue3

깊이 읽기

❖ 참고문헌

이 외에도 이 책을 쓰면서 참조했던 주요 저술들을 나열하면 다음과 같다.

Baron-Cohen, S. (1997). *Mindblindness*. Cambridge, MA: MIT Press.

Bjork, Daniel W. (1993). *B. F. Skinner: A life*. New York: BasicBooks.

Boersma, P. (1998). *Functional phonology: Formalizing the Interactions between Articulatory and Perceptual Drives*. The Hague: Holland Academic Graphics.

Carey, S. (2001). *Evolutionary and ontogenetic foundations of arithmetic*. 16, 37-55.

Chomsky, N. (1959). A Review of B. F. Skinner's *Verbal Behavior*. *Language*, 35, 26-58.

Chomsky, N. (1965). *Aspects of the Theory of Syntactic*. Cambridge, MA: MIT Press.

Chomsky, N. (1980). *Rules and representations*. New York: Columbia University Press.

Chomsky, N. (1980). Rules and representations. *Behavioral and Brain Sciences*, 3, 1-61.

Chomsky, N. (1973). *For reasons of state*. New York: Pantheon.

Chomsky, N. (1981). *Government and binding*. Dordrecht: Foris Publications.

Chomsky, N. (2003). *On language*. Cambridge, MA: MIT Press.

Dawkins, R. (1981). Selfish genes in race or politics. *Nature*, 289, 528.

Diamond, M. and Hopson, J. (1999). *Magic trees of the mind*. New York: A Plume Book.

Donegan, P. (1985). How Learnable is Phonology? *Papers on Natural Phonology from Eisenstadt*, ed. W. Dressler and L. Tonelli, 19-31. Padova, Italy: Cooperativa Libraria Editoriale Studentesca Patavina.

Everett, D. L. (2007). Recursion and human thought: Why the Piraha don't have numbers. *Edge* 213 (www.edge.org).

Hauser, M. (1996). *The Evolution of Communication*. Cambridge, MA: MIT Press.

Hauser, M., Chomsky, N. & W. T. Fitch. (2002). The faculty of language: What is it, who has it, and how did it evolve? *Science*, 298, 1569-1579.

Hay, J. and Baayen, R. H. (2005). Shifting paradigms: Gradient structure in morphology. *Trends in Cognitive Science*, 9, 342-48.

Hayes, B, Kirchner, R. and Steriade, D. (eds.). (2004). *Phonetically Based Phonology*. Cambridge, UK: Cambridge University Press.

Krutch, Joseph W. (1954). *The measure of man: On freedom, human values, survival and the modern temper*. New York: Grossett & Dunlap.

Lust, B. and Mangione, L. (1983). The principal branching direction parameter in first language acquisition of anaphora. *Proceedings of NELS* 13, 145-160.

MacWhinney, B. (1998). Models of the Emergence of Language. *Annual Review of Psychology*, 49, 199-227.

MacWhinney, B. (2002). Language Emergence. *An Integrated View of Language Development: Papers in Honor of Henning Wode*, ed. P. Burmeister, T. Piske, and A. Rohde, 17-42. Trier: Wissenshaftliche Verlag.

MacWhinney, B. (2004). "A Multiple Process Solution to the Logical

Problem of Language Acquisition." *Journal of Child Language*, 31, 883-914.

McGrew, W. C. (1977). Socialization and object manipulation of wild chimpanzees. *Primate bio-social development: Biological, social, and ecological determinants*, Chevalier-Skilnikoff & Foirier, F. E. (eds.), 261-288. New York: Garland.

Menzel, E. W., Jr. (1973). Leadership and communication in young chimpanzees. *Symposia of the fourth International congress of primatology Vol 1: Precultural primate behavior*, E. W. Menzel, Jr. (Ed.). Basel: Karger, 192-225.

Minsky, M. (1985). *The Society of Mind*. New York: Simon & Shuster.

O'Grady, W., Cho, Sook Whan, & Sato, Y. (1994). Anaphora and branching direction in Japanese. *Journal of Child Language* 21, 473-487.

Pinker, S. & Jackendoff, R. (2005). The faculty of language: What's special about it? *Cognition*, 95, 201-236.

Pollick, A. & de Waal, F. (2007). Ape gestures and language evolution. *Proceedings of the National Academy of Sciences*, 104, 19, 8184-8189.

Pullum, G. K. & Scholz, B. D. (2002). Empirical assessment of stimulus poverty arguments. *The Linguistic Review*, 19, 9-50.

Ridley, M. (2003). *Nature via nurture*. Harper Collins/Publishers.

Rozycki, Edward G. (1995). A critical review of B. F. Skinner's philosophy with a focus on *Walden Two*. *Educational Studies* 26, 1/2, 12-22.

Russell, B. (1940). *An Inquiry into Meaning and Truth*. London: George Allen & Unwin.

Russell, B. (1948). *Human Knowledge: Its Scope and Limits*. New York: Simon & Schuster.

Savage, E. S. (1975). Mother-infant behavior in group-living captive chimpanzees.Unpublished dissertation. University of Oklahoma.

Skinner, B. F. (1938). *The Behaviour of organisms*. Appleton-Century.

Skinner, B. F. (1948). *Walden two*. New York: MacMillan Publishing Co., Inc.

Skinner, B. F. (1955). R. M. Elliott papers, B. F. Skinner to Richard M. Elliott, March 13, 1955. University of Minnesota Library archives.

Skinner, B. F. (1957). *Verbal behaviour*. Appleton-Century-Crofts.

Skinner, B. F. (1976). *Walden two*. New York: MacMillan Publishing Co., Inc. (경신판).

Skinner, B. F. (1989). *Recent Issues in the Analysis of Behavior* Columbus, Ohio: Merrill Publishing Company.

Tomasello, M. (2005). Beyond formalities: The case of language acquisition. *The Linguistic Review*, 22, 183-197.

Tomasello, M. (1999). *The cultural origins of human cognition*. Cambridge, MA: Harvard University Press.

Warren, R. (1970). Perceptual restoration of missing speech sounds. *Science* 167, 392-394.

Wilson, E. O. (1978). *On human nature*. Cambridge, MA: Harvard University Press.

Wundt, W. (1900). *Völkerpsychologie*, Vol. I: Die Sprache. Engelmann.

본문 68~69쪽에 사용된 문장 1~2는 충북대 이승복 교수의 자료에서 발췌했다. 이 교수의 자료에는 이 글에 옮긴 발화 내용 외에 상황 묘사가 구체적으로 되어 있다. 여기에서는 발화 내용만을 소개한다. 귀중한 자료를 선뜻 제공하신 이 교수에게 깊은 감사를 드린다.

찾아보기

Noam Chomsky
&
B. F. Skinner

인류의 지성사를 이끌어온
100인의 지식인 마을 주민들